LA LUCHA POR EL EXCREMENTO DEL DIABLO

LA LUCHA POR EL EXCREMENTO DEL DIABLO

Repsol, entre Eni y Total

NOTA A LOS LECTORES:

Esta publicación contiene opiniones e ideas de su autor. Su intención es ofrecer material útil e informativo sobre el tema tratado. Tanto el autor como el editor, la imprenta y todas las partes implicadas en el diseño de la portada y distribución, niegan específicamente cualquier responsabilidad por obligaciones, pérdidas o riesgos personales o de otro tipo en que se incurra como consecuencia, directa o indirecta, del uso y aplicación de cualquier contenido del libro.

La publicación de esta obra puede estar sujeta a futuras correcciones y ampliaciones por parte del autor, así como son de su responsabilidad las opiniones que en ella se exponen.

Quedan prohibidas, dentro de los límites establecidos por la ley y bajo las prevenciones legales previstas, la reproducción parcial o total de esta obra por cualquier medio o procedimiento, ya sea electrónico o mecánico, el tratamiento informático, el alquiler o cualquier forma de sesión de la obra sin autorización escrita de los titulares del *copyright*.

© **Todos los derechos reservados.**

El político y diplomático venezolano Juan Pablo Pérez Alfonzo definió el petróleo con el término de *«Excremento del Diablo»*.

El escritor y político Henry Bérenger dijo: *«Quien sea dueño del petróleo será dueño del mundo»*.

El magnate norteamericano y fundador de la Standard Oil Company John D. Rockefeller afirmó: *«El negocio más rentable del mundo es administrar bien una empresa petrolera y el segundo negocio más rentable es una empresa petrolera mal administrada»*.

El filosofo y escritor libio Al-Sadiq Al-Nayhum señaló en 1965: *«Libia es un país de paja que está flotando en lagos de petróleo... y por eso sería muy fácil incendiarlo... y quemarlo desde sus cimientos»*.

Sostiene un viejo perforador tuareg: *«El petróleo es la sangre de la tierra»*. Diario El País, 04/01/2009. La aventura del petróleo.

El difunto ex rey libio, Muhammad Idris Al-Sanussi en relación con el petróleo, llegó a decir que: *«El petróleo, hijos míos, [es] bendición y también es una maldición. Cuidado con la maldición»*.

Sinopsis

Muchos países petrodólares poseen grandes cantidades de petróleo y gas, con las que ganan centenares de miles de millones de dólares mediante la venta de estos productos, pero solo unos pocos gobiernos de los supuestamente afortunados agraciados con el oro negro aprovechan tal bendición y riqueza para el bienestar de sus conciudadanos. Lo cierto es que muy pocos invierten estas ganancias en la construcción del futuro de sus países, en reconstruir sus ciudades, levantar sus instituciones, perfeccionar sus sistemas sanitarios, optimizar sus servicios generales, renovar sus métodos educativos o mejorar la vida de sus ciudadanos.

Muchas petroleras y sus poderosos países destruyen estados exportadores de petróleo y hunden a sus ciudadanos en la más absoluta miseria, para satisfacer sus enfermizos deseos de poder y gloria. Así, convierten la bendición del petróleo en una auténtica maldición. En este contexto, Repsol se ha posicionado como una de las primeras petroleras más importantes en Libia. Su gran logro fue conseguir los derechos que poseía Rompetrol, con uno de los campos petrolíferos más fructíferos y en una cuenca muy importante con una tasa de producción muy alta. El devenir de Repsol en Libia abrió un camino que no estuvo exento de dificultades, tanto de exploración y producción como de gestión y mano de obra experta.

El presente libro se centra en la crisis libia, en la lucha de los países occidentales por el control del petróleo libio, en la historia del petróleo en este país y en la presencia de Repsol en el país norteafricano. Esta obra analiza la lucha entre Italia y Francia por el control del petróleo libio, habla de la construcción de la industria energética española y la creación de Repsol, también de la historia del petróleo libio y las desgracias que ha causado a los libios. Y, finalmente, repasa el nulo protagonismo de España en el conflicto creado en Libia a pesar de sus fuertes intereses en el país.

Con este libro sobre el conflicto entre Eni y Total y la situación de Repsol en calidad de espectador, se pretende arrojar luz para que el lector pueda obtener una visión muy próxima tanto de los orígenes del conflicto y su posterior desarrollo, como de la posición neutra de Repsol a pesar de sus grandes intereses en Libia.

ÍNDICE

I. INTRODUCCIÓN 1
La batalla por el petróleo de Libia 1
II. ¿DÓNDE ESTÁ REPSOL EN EL CONFLICTO DEL PETRÓLEO LIBIO? 7
Entre Eni y Total se queda fuera del conflicto Repsol 7
Los intereses franco-italianos en Libia y la ausencia de España 8
Eni versus Total y el aumento del apalancamiento económico 9
La historia del conflicto en Libia sobre el trono de Gadafi 10
La lucha de Eni y Total por el petróleo libio 12
¿Por qué Italia apoya a un bando y Francia al otro? 14
Los importadores del petróleo libio y la complejidad del conflicto .. 16
El gas licuado que importan Italia y España 18
III. LA HISTORIA DE REPSOL EN LIBIA 19
Las primeras actividades españolas de exploración en Libia 20
Los orígenes del sector energético español 20
Planes energéticos nacionales en España 21
Los primeros años de Repsol 25
Repsol y la apertura internacional 26
Repsol versus Rompetrol 26
Repsol firmó la compra de los derechos de Rompetrol 28
La actividad de Repsol en Libia 29
Repsol y sus principales proyectos, los bloques NC-186 y NC 115 30
El campo petrolero de Al-Sharara 34
Contratos hasta 2036 36
IV. PETRÓLEO Y POLÍTICA EN LIBIA 37
Los efectos de las sanciones y el embargo 38
La cuota libia en la OPEP 38
El tamaño de la riqueza petrolera en Libia 39
El riesgo de continuas diferencias sobre los europeos 40

El tamaño de las pérdidas de petróleo debido a la guerra 40
El proceso de exportación 41
La importancia estratégica, energética y demográfica 42
Información general sobre el petróleo y gas en Libia 45
Las cuencas petrolíferas más importantes de Libia 45
Los campos más importantes y el tamaño de su producción 47
Los campos petroleros más importantes de Libia: 47
Puertos petroleros libios y el proceso de exportación 50
Empresas que operan en el sector petrolero de Libia 51
Reservas del petróleo libio 52
Las mayores reservas probadas de petróleo en África 52
Hechos puntuales sobre el petróleo libio 52
Lo que no sabes sobre el oro negro de Libia 54

V. HISTORIA DEL PETRÓLEO EN LIBIA 55
Los primeros indicios de la existencia de petróleo en Libia 58
Producción del petróleo 62
Producción del gas en Libia 67
Evolución de la producción y las reservas probadas 68
Reservas de petróleo y gas libios 69
Los efectos del petróleo en la economía libia 72

VI. MARCO LEGAL DEL PETRÓLEO EN LIBIA 77
Trayectoria de los acuerdos del petróleo 82
El petróleo libio, la máxima producción y el camino hacia el éxito 87
Infraestructura de la industria energética en Libia 93

VII. EL PRECIO DEL PETRÓLEO 99
Evolución de los precios y acontecimientos más importantes .. 99
El petróleo crudo y sus variables de precios 99
El papel político del petróleo 104

VIII. HITOS CRONOLÓGICOS DE REPSOL EN LIBIA 115

IX. REPSOL Y EL DESARROLLO SOSTENIBLE EN LIBIA ... 143
Algunas actividades de Repsol en el desarrollo sostenible de Libia ... 144

X. LA GUERRA DEL PETRÓLEO EN LIBIA ... 151
La estrategia de la OTAN, la revolución mediterránea oriental ... 153
El crudo se convierte en el centro del conflicto en Libia ... 154
Los precios que mueven los conflictos ... 154
Beneficios de las compañías petroleras internacionales ... 156
Monopolio de las compañías petroleras norteamericanas ... 156
El petróleo es omnipresente ... 157

XI. LA PRIMERA CRISIS DEL PETRÓLEO ... 159
La crisis petrolera en la década de los setenta ... 159
Gestión del mercado y guerras ... 160
Las cifras exageradas de los hallazgos y las reservas globales ... 163
El volumen de ingresos petroleros ... 164
Racionalización y control del petróleo ... 164
¿Y ahora qué va a pasar? ... 165
El oro negro de Libia se volvió muy negro ... 166
La cruzada por el petróleo de Libia ... 167
¿Quién controla el petróleo de Libia? ... 168

XII. A MODO DE CONCLUSIÓN ... 171
El futuro del petróleo ... 172

XIII. CONCLUSIÓNES FINALES ... 177
El tesoro que todos quieren ... 178
Enigmas e Incertidumbres ... 179
Estrategias para influir en el corazón del futuro político de Libia ... 179
La intervención neutra del gobierno español en el conflicto ... 182
El mercado de reconstrucción de Libia ... 182

LA BENDICIÓN MALDITA ... 183
BIBLIOGRAFÍA ... 185
ENLACES Y FUENTES POR INTERNET ... 193

I. Introducción

La batalla por el petróleo de Libia

Antes de la revolución de 2011 que derrocó Gadafi, Libia producía aproximadamente 1,6 millones de barriles por día, principalmente exportados a Italia, España, Francia y Alemania.

El petróleo es, de algún modo, el aliento de la economía libia. De hecho, los beneficios del gas natural y el petróleo representan más del 95% de los ingresos libios, financiando al sector público y aportando a los libios su principal fuente de ingresos, ya que las exportaciones en petróleo representan mas del 80% del PIB de Libia.

Cuando la revolución de la primavera árabe, en el verano de 2011, fue respaldada por los ataques aéreos de la OTAN, puso fin al régimen de Gadafi y la producción se desplomó a sus niveles más bajos posibles. Sin embargo, se recuperó rápidamente, llegando casi a niveles anteriores a la revolución y alcanzando 1,4 millones de barriles por día.

Una vez derribado el régimen de Gadafi, comenzaron las discrepancias entre las fuerzas políticas locales y los intentos de apoderarse de los ingresos del petróleo, avivando las protestas y provocando el cierre de los campos petroleros y puertos de carga.

Así, las milicias del este, encargadas de proteger la infraestructura petrolera tomaron el control de varios puertos, exigiendo una mayor autonomía y una mayor proporción de los ingresos petroleros para su región. Mientras tanto, otras milicias en el oeste cerraron los campos petroleros más importantes del país y, de esta forma, la inseguridad creció y las compañías petroleras internacionales huyeron cuando la seguridad se deterioró.

Las diferentes milicias, tanto del este como del oeste, intentaron vender petróleo internacionalmente, aunque la mayor parte de sus intentos se vieron frustrados. El resultado de las crecientes divisiones políticas fue que llegaron a poner de rodillas a la industria petrolera y a la economía de Libia.

La lucha por los recursos petroleros libios está poniendo en peligro el futuro del país y Repsol, a pesar de los intereses que tiene en Libia, está fuera de esta lucha por el petróleo libio. En España, el gobierno y los partidos de la oposición también están fuera de la lucha por el petróleo libio porque los dos están inmersos en una serie de disputas y discusiones internas por el control del poder en España.

Desde el año 2011, después de la revolución libia contra Gadafi, la producción se detuvo al punto de alcanzar el 0%, pero gradualmente volvió a alcanzar el millón de barriles en mayo de 2012. No obstante, el gobierno libio del consejo de transición no pudo trabajar en resolver el problema de seguridad que era un impedimento para el retorno duradero de la producción.

Durante el mandato de los gobiernos libios posteriores al primer gobierno nacional de Libia, que era el primero elegido democráticamente después de la revolución, el comandante de las milicias que custodiaban las instalaciones petroleras, cerró los puertos petrolíferos más importantes del país en julio de 2013, los cuales eran los puertos de Ras Lanuf, Al-Sidra, Zuitina y Tobruk, por lo que la producción de petróleo cayó a casi la mitad, causando grandes pérdidas estimadas en miles de millones de dólares.

En septiembre de 2013, la Corporación Nacional de Petróleo de Libia (NOC) retiró la condición de fuerza mayor de los puertos de Sirte, después de que las fuerzas militares del este tomaran el control de los puertos y expulsaran a las milicias que custodiaban las instalaciones y su comandante.

Este fue el comienzo de la lucha encarnizada que todavía continúa por la región petrolera llamada 'media luna petrolera', que está en medio del país, entre el este y oeste de Libia. Así comenzó la escalada militar y la guerra en Bengasi, que se libró en 2014 contra las milicias islamistas que controlaban la ciudad homónima. Finalmente, el control de las fuerzas del este de Libia fue restaurado en todo el este del país y algo de estabilidad llegó a la producción de petróleo, pero la transferencia de algunos elementos del Estado Islámico de Siria e Irak a Libia, hizo de la 'media luna petrolera' un lugar de múltiples ataques de las organizaciones afines al estado islámico que se atrincheraron en Sirte.

En diciembre de 2015, los intentos internacionales de llegar a un acuerdo firmado entre las diferentes y opuestas partes libias tomaron forma, y por eso hemos presenciado un estado de estabilidad en la producción de petróleo, superior a un millón de barriles, un nivel que la producción no había alcanzado desde 2013.

Así, presenciamos un fenómeno importante que fue la capacidad de la comunidad internacional para neutralizar las instituciones de exclusión y, al mismo tiempo, podemos decir que el acuerdo desvió un poco los enfrentamientos y arregló ligeramente el camino institucional, por lo que todos los intentos de disputar la región de la 'media luna petrolera' terminaron rápidamente y la producción volvió a su era anterior

Pero a pesar de la relativa estabilidad de la producción del petróleo y su continua exportación de un lado, y la recaudación de ingresos a través del Banco Central de Libia en Trípoli por otro, esto no impidió que las autoridades en el este paralelo siguieran estableciendo un banco central y su propia corporación nacional del petróleo, dependiente de las importaciones del Banco Central en Trípoli, lo que hizo que estas instituciones se mantuvieran en un contexto de competencia política y dirigieran la administración en el este sin tener un control efectivo sobre los principales ingresos del país, que es el petróleo.

En 2016, el Ejército Nacional de Libia, comandado por el mariscal Haftar, tomó el control de los puertos, permitiendo la continuidad de la producción. En marzo de 2017, se suspendió la actividad productiva de los campos de la cuenca de Murzuq.

En 2018, la NOC (Corporación Nacional de Petróleo de Libia) suspendió toda la producción y exportación de petróleo del este, después de que el ejército del mariscal Haftar controlara la región de Al-Hilal Al-Nafti ('media luna petrolera').

En 2019, las fuerzas del Ejército Nacional asumen el control total de los yacimientos de la cuenca de Murzuq. En Junio de 2019, la producción del campo petrolero Al-Sharara se detiene. A primeros de 2020, las fuerzas del mariscal Haftar cerraron los puertos petroleros más destacados del este del país.

A partir de esta espiral de violencia y enfrentamientos, rastreamos la producción de petróleo y el curso de los acontecimientos políticos, y llegamos a ver cómo las fuerzas internacionales han podido romper el vínculo entre el conflicto político y el camino institucional (que por supuesto se relaciona con los intereses de las empresas que operan en Libia y de las exportaciones de petróleo desde sus puertos).

Por lo tanto, vemos que la crisis libia se encuentra ahora en una etapa política muy compleja, lo que requiere realizar un gran esfuerzo para el buen camino en interés de todos

El propósito de este libro es reflexionar sobre los acontecimientos más importantes y singulares que están acaeciendo en el conflicto libio, el cual se puede resumir en la lucha de los países occidentales sobre el control del petróleo libio, ignorando los derechos de la población autóctona a vivir en paz, a la vez que jugando con su presente y arriesgando su futuro inmediato.

Libia, la nación árabe y norteafricana que era el país más pobre del mundo, se ha transformado en una estado rentista y petrodólar, que, consecuentemente, se ha visto atrapado en una espiral de violencia que lo ha convertido en el escenario de una lucha encarnizada entre los países occidentales más industrializados para conseguir influencia decisiva en el país y, así, apoderarse de los contratos más ventajosos en el negocio petrolero libio.

A lo largo de la última década investigada, en la cual transcurrieron los mencionados acontecimientos, hemos visto cómo un país independiente y fuerte económicamente se ha transformado en una nación fallida, débil, pobre, incapaz de protegerse y sin poder prestar los servicios esenciales para la supervivencia de la sociedad libia.

El descubrimiento del petróleo en Libia suscitó muchas alegrías, pero también cuantiosos sinsabores, además de exponer al país a los peligros externos del capitalismo salvaje y a los peligros internos de la avaricia nacional y los corruptos imposibles de satisfacer.

II. ¿DÓNDE ESTÁ REPSOL EN EL CONFLICTO DEL PETRÓLEO LIBIO?

Entre Eni y Total se queda fuera del conflicto Repsol

En 2011 comenzó la crisis libia, generando un amplio conflicto por las diferencias franco-italianas en Libia, diferencias que se han convertido en piedra angular de las disidencias internas en la comunidad europea entre los dos grandes países del sistema europeo. En esta lucha, además de los intereses políticos e históricos de ambos países en Libia, que pueden ser considerados como legado histórico de sus intereses en el norte de África, surge el conflicto de lograr mayor influencia para obtener una porción más grande en el reparto del excremento del diablo que tiene Libia.

Las petroleras Eni y Total son la base del furioso conflicto por el petróleo y gas libios. Hay que decir que en tal conflicto Repsol no entra, a pesar de que la petrolera española tiene una de las mejores posesiones petrolíferas en Murzuq y también en otras cuencas, pero ni entra ni busca una mayor participación para ganar más influencia en Libia. Eni y Total protagonizan las disputas ítalo-francesas, y cada una de estas dos compañías tiene sus intereses, inversiones y planes que buscan aumentar de modo análogo que su influencia política en Libia, pero Repsol no es igual que los dos gigantes del petróleo europeo. Y por eso la posición interna europea se dividió.

Italia apoyó a los políticos libios de Trípoli (oeste de Libia), mientras que Francia dio su apoyo a los políticos libios de Bengasi (este de Libia), y, sobre la base de esta división, se inició una larga serie de episodios del conflicto interno europeo entre los dos países que actuaban en foros diplomáticos europeos e internacionales.

Los intereses franco-italianos en Libia y la ausencia de España

A pesar de sus más de ochocientos largos años de pertenencia y relaciones históricas con el mundo árabe, España, igual que Repsol, está fuera del juego de intereses en el país árabe y norteafricano llamado Libia.

Italia y Francia, los otros dos países vecinos y hermanos de España, poseen grandes intereses en Libia, que se explican por diversos factores. Los primeros, los italianos, se consideran herederos de grandes vínculos por la influencia histórica en este país como una de sus antiguas colonias, la cual ha sido la mayor parte interesada en las últimas seis décadas desde la independencia de Libia hasta el final del régimen de Gadafi en 2011.

Por otro lado, Francia se ve a sí misma con el derecho a los mayores intereses en Libia por su histórica relación con el sur de este país y también por su intervención en la revolución de febrero de 2011, especialmente porque fue la punta de lanza en la operación militar que derrocó al coronel Gadafi y acabó con un régimen que duró más de 40 años y que controlaba el país petrolero más grande de África. Además de todo esto, no hemos de obviar el decisivo papel francés en Libia en la década del 2000 al 2010, que alcanzó su punto álgido con el mandato del ex presidente francés Nicolas Sarkozy, razón por la cual Francia también se ve a sí misma como la titular de la mayor influencia política y económica en Libia.

Por un lado, Italia critica a Francia y considera la injerencia francesa en Libia como una invasión directa contra los intereses italianos, ya que para los italianos sus intereses son muy grandes en comparación con los principales países europeos y occidentales, siendo que Italia tenía la mayor participación en los intercambios económicos, además de poseer una gran participación en el sector más importante de Libia, que es el petrolero y el gas. Sin olvidar que Italia se considera como la primera influencia política en Libia desde la independencia del país hasta el año 2011.

Por otro lado, Francia es el socio más importante de toda África en general y del norte africano en especial, además de que Libia es una parte esencial del Magreb que tiene una relación de hermandad con Francia. Así, se puede afirmar que, en todos los aspectos del conflicto libio, no se podía esconder la sombra de Eni y Total, las cuales dejaron en evidencia la completa ausencia de Repsol.

Eni versus Total y el aumento del apalancamiento económico

La empresa energética italiana Eni es el primer socio petrolero en Libia, que compite con la petrolera francesa Total para extraer una importante participación en exploración, extracción y producción de petróleo libio con otras petroleras competidoras que representan los intereses de España, Gran Bretaña, Alemania, Estados Unidos, Argelia y Rusia.

Eni controla aproximadamente el 45% de los contratos de petróleo y gas en Libia, mientras que Total domina aproximadamente el 27% del mercado petrolero libio. Por su parte, Repsol tiene aproximadamente el 18% del petróleo libio, además de muchas otras compañías internacionales que también buscan competir con los dos gigantes petrolíferos.

La compañía francesa Total busca contratos adicionales, especialmente después de obtener la participación de la petrolera americana Marathon Oil Company en más del 16.33% de las concesiones del campo petrolero Al-Waha, ubicado en el centro de Libia, como lo confirmó anteriormente la NOC (National Oil Corporation).

Italia obtuvo, a través de la compañía Eni, ventajosos contratos en 2007 para invertir gas en la región de Melita en el oeste del país, mientras que Francia ganó en 2010 a través de la compañía Total, un contrato para invertir gas en la cuenca de Nalut, también en el oeste, pero Libia canceló el contrato con la compañía francesa después de una disputa legal. Ahora, Italia quiere evitar que Francia regrese a la región de Nalut, en la cual hay suficiente gas para más de treinta años.

Y dado que el conflicto en Libia, entre estos estos dos países, está relacionado con la lucha en toda la región africana, la adquisición por parte de Francia de la cuenca de Nalut mejorará su control e influencia en la región del norte de África y el desierto del sur, en el cual Francia tiene una influencia significativa.

La historia del conflicto en Libia sobre el trono de Gadafi

España es la gran ausente en la lucha por el pastel de Libia. En otras palabras, la España peninsular es un capítulo olvidado de la historia del petróleo libio.

En 2011, Muammar Al-Gadafi perdió el poder absoluto que ostentaba, desde 1969, gracias al petróleo de Libia, que representaba más del 90% de las fuentes de ingresos nacionales de Libia.

La cercanía de Libia a los mercados europeos junto a su aportación de 1,65 millones de barriles diarios de crudo ligero de alta calidad y su integración en la Organización de Países Exportadores de Petróleo (OPEP), constituyeron el poderoso puño de acero de Gadafi para mantenerse en el poder a lo largo de cuarenta y dos años.

Cuando estalló la primavera árabe y en consecuencia la revolución libia el 17 de febrero de 2011, los revolucionarios desafiaron a Gadafi, se armaron y lucharon contra su régimen y al apoderarse de la mayor parte de los campos de petróleo y gas libios, Gadafi se quedó sin su incontestable hegemonía.

Teniendo en cuanta que Libia posee las mayores reservas probadas de petróleo crudo de África, que se traducen en más de 48 mil millones de barriles de crudo, entonces, los ministros de energía de la Unión Europea se reunieron para discutir las repercusiones de los incidentes y el debilitamiento de Gadafi en los precios mundiales del petróleo, fundamentalmente después de que la AIE[1] divulgase que la producción de petróleo libio había bajado considerablemente.

A los pocos días, los revolucionarios enviaron sus representantes a Europa para asegurar su compromiso a cumplir a rajatabla todos los acuerdos suscritos sobre la exportación del petróleo libio, incluso ofrecían más ventajas y nuevas ofertas para comenzar un nuevo capítulo de la política petrolera de Libia.

Así, los revolucionarios y Europa forjaron una fuerte coalición internacional para derrocar a Gadafi, mientras que la OTAN anunció que sus operaciones militares cubrirían, además de las áreas de conflicto, los campos y puertos petroleros, los cuales quedaron bajo la protección de los controles de la OTAN.

---

[1] Agencia Internacional de Energía.

La lucha de Eni y Total por el petróleo libio

Desde el inicio del derrocamiento del coronel Gadafi, las infraestructuras petroleras de Libia fueron el blanco regular de las protestas, de los cierres y de las huelgas de las milicias rebeldes, que se negaban a un desarme o a reconocer la autoridad del Estado.

Las continuas protestas disminuyeron y detuvieron la producción en casi todos los campos petroleros del extenso terreno libio, lo que obligó a los operadores extranjeros a abandonar sus campos.

Hasta octubre de 2011, el campo Al-Sharara producía alrededor de 400 mil barriles por día, mientras que Repsol adquiría el 10 por ciento de los activos del campo en asociación con la National Oil Corporation (75 por ciento), la compañía francesa Total y el austriaco OMV. Los cierres repetidos y prolongados causaron presión en los pozos de los campos petroleros, lo que redujo la capacidad de producción en el resto de los campos. Algo que hizo aumentar la capacidad de producción en el campo Al-Sharara y otros campos cercanos, requiriendo inversiones que la Corporación Petrolera tenía muchas dificultades para atraer.

Así, Libia se convirtió en un estado fallido, víctima del caos y la guerra civil, desde que en 2011 la OTAN contribuyó militarmente a la victoria de los heterogéneos grupos rebeldes sobre la larga dictadura de Gadafi.

En la actualidad, Libia tiene dos gobiernos, uno en el este, que domina cerca del 70 por ciento del territorio nacional, y otro en el oeste, cuya autoridad se reduce a Trípoli y sus alrededores. De esta división sacan beneficios múltiples milicias y grupos mafiosos dedicados al contrabando de armas, alimentos, combustible y personas, verdadero motor de la destruida economía nacional.

La débil identidad nacional que había dejado Gadafi junto con las rivalidades étnicas y regionales existentes en el país, agravó de modo considerable la hostilidad histórica que había entre los diferentes centros regionales y si le añadimos la poca confianza en el gobierno de Trípoli impuesto a dedo por las Naciones Unidas, entonces podremos entender por qué el conflicto siguió empeorando día a día, sin ningún cariz de resolución ni de evitarse una posible desintegración y fragmentación del territorio.

Después del 23 de octubre del 2011, vimos un satisfactorio inicio de la era pos-Gadafi, ya que las elecciones se desarrollaron bien y el parlamento elegido democráticamente fue, al principio, sobre ruedas. Pero conforme pasaba el tiempo las milicias han ido intensificando cada vez más sus reclamaciones de autonomía del gobierno central. En el sur, el conflicto es totalmente racial y las tensiones entre los grupos árabes (Tabu) y bereberes (Tuareg) se han convertido en guerras callejeras, incentivadas por la posesión de armas en todo el país al caer el régimen de Gadafi.

Fruto de las contiendas en el país, la producción de petróleo que en 2012 casi se había recuperado por completo, estando muy cerca de llegar a los 1,6 millones de barriles diarios alcanzados antes de la guerra, cayó en 2013 estrepitosamente quedando reducida a menos de 600.000 barriles diarios.

Dada la situación estratégica de Libia en el patio trasero de Europa, la Unión Europea ha emprendido diversas iniciativas de ayuda al recientemente instaurado gobierno de Trípoli, ya que la única manera de recuperar la producción del petróleo es llegar a mejorar el clima de seguridad y ampliar la estabilidad política.

En resumen, aparentemente, la UE y otras potencias mundiales han manifestado un gran interés en fomentar la estabilidad, la democracia y la transparencia en Libia.

Así lo manifiestan públicamente e insisten en que al pueblo libio le corresponde tomar difíciles decisiones que conduzcan a su país a un futuro brillante y entierren la herencia del pasado, pero entre lo que dicen y lo que hacen las potencias mundiales hay una vasta brecha que atravesar.

¿Por qué Italia apoya a un bando y Francia al otro?

Las compañías italianas Eni y la francesa Total tienen proyectos conjuntos con la NOC (Corporación Nacional de Petróleo) en Trípoli, pero sus gobiernos siempre han estado en total desacuerdo sobre la política de quién cosecha primero el petróleo libio; Italia apoya a un bando, mientras que los intereses franceses lo hacen al otro.

Después de la revolución, las áreas donde abunda el petróleo aparecieron como áreas estratégicas alrededor de las cuales se desarrolla el conflicto.

Puede decirse que hay tres cuencas básicas de petróleo, distintas fuentes de extracción del mismo y un conjunto de formas de transportar este oro negro a la costa para exportarlo a través de la NOC. Por tanto, la proximidad a estos enclaves, regional o militarmente, y su control se convirtieron en partes capitales del conflicto político. El país fue el mayor perdedor en la crisis libia.

Hemos dicho que Libia estaba produciendo 1,6 millones de barriles por día de crudo antes del levantamiento contra Gadafi.

El estado miembro de la Organización de Países Exportadores de Petróleo cuenta con las mayores reservas de petróleo en África y gracias al mismo, que representa el 95% de sus exportaciones totales, Libia es la sexta potencia económica en África.

En este orden de cosas, indicar que la petrolera francesa Total posee el 75% de los derechos de exploración de petróleo en el campo Al-Jurf en los bloques 15, 16, 32; el 16% de los derechos de exploración en el campo Al-Waha; el 30% de los derechos de exploración en el campo Al-Sharara en los bloques 129 y 130; y, finalmente, el 24% de los derechos de exploración de la cuenca Murzuq en la parte inferior de los bloques 130 y 131.

A su vez, la española Repsol tiene la participación más grande en la cuenca Murzuq junto con la NOC, lo que se ha traducido en la firma de varios contratos EPSA desde 1995 hasta 2008. Posee además acuerdos de participación y desarrollo en el campo I/R, NC115, NC186 (campos A, H, J y K) y NC 187. También en el bloque "offshore" NC202. La petrolera italiana Eni está trabajando en suelo libio desde 1959. Eni controla aproximadamente el 45% de los contratos de petróleo y gas en Libia.

Eni tiene Melita y participa con la NOC en el importante campo Al-Feel y también en el campo petrolero Al-Wafa. Por otro lado, el gobierno italiano evita que la participación de Eni importe el 25% del petróleo libio y el gas el 10% de la forma en que lo hace actualmente, si bien en el futuro puede aumentarlo, especialmente porque Italia importa el 48% de su petróleo y el 40% de su gas de Libia.

Después de un aumento constante en la primera década del siglo XXI, la producción de Libia disminuyó drásticamente en los primeros tres trimestres de 2011 después de que empresas y trabajadores extranjeros huyeran del país para escapar de la violencia. Como resultado, la infraestructura fue destruida, en tanto que las refinerías y los puertos que transportaban petróleo crudo han dejado de funcionar.

A finales de septiembre de 2012, la producción de petróleo crudo se recuperó un poco, situándose en 1,5 millones de barriles por día, justo por debajo de los niveles anteriores a la guerra debido a que el gobierno planeaba aumentar la producción. Sin embargo, a partir de 2013, la producción de petróleo volvió a caer a menos de 300,000 barriles por día, manteniéndose inestable desde entonces.

La producción, como ya hemos mencionado, sufrió un duro golpe en 2014, cuando la milicia afiliada a la Guardia de las Instalaciones Petroleras reclamó el control de los principales puertos petrolíferos en el centro de Libia, Al-Sidra, Ras Lanuf y Zuitina, al tiempo que los cerró y detuvo todas las operaciones, obligando a los campos petroleros que abastecen a estos puertos a cortar la producción.

Los importadores del petróleo libio y la complejidad del conflicto

La mayoría de los países importadores de petróleo de Libia son estados de la Unión Europea, y el petróleo que importan de Libia constituye más del 80% de la producción de crudo de este país.

Europa importó el 11% de sus necesidades de petróleo de Libia en 2010, aunque después de la revolución la producción de petróleo fluctuó en Libia, y en 2014 este mismo país suministró a Europa 10 millones de barriles de petróleo crudo. En cuanto a los países receptores de petróleo libio, los más importantes son Italia, España, Francia, Alemania, Austria y otros países de la Unión Europea, además de China. Bien es verdad que hay muchos otros, pero no son tan importantes como los países europeos antes mencionados.

Esta amplitud y complejidad, especialmente en el transporte de petróleo de los campos a los puertos, que difieren en sus capacidades así como en las múltiples asociaciones con distintos países, pueden darnos una imagen del grado de complejidad que deja el petróleo, ya sea a nivel político o administrativo, además de la compleja naturaleza del conflicto generado por esta riqueza petrolera.

Es natural que la producción de petróleo en Libia se vea afectada por la ubicación geográfica de las fuentes de producción de petróleo y los puertos que la exportan, sin obviar el intento de algunas partes de explotar el petróleo para imponer un hecho consumado en la escena libia y en los actores políticos locales e internacionales. Entonces, si rastreamos la producción de petróleo y tomamos un período específico desde el comienzo de la revolución hasta ahora, se constata cómo la producción petrolera se vio afectada por la guerra en curso en Libia.

Pero aquí debe observarse un camino importante en el conflicto libio, que es que la intervención internacional generalmente trata de estabilizar la producción de petróleo y neutralizar a la NOC (Corporación Nacional del Petróleo), a la vez que busca la continuidad de las empresas que contratan con Libia para operar, algo que confirma la estrategia de la comunidad internacional y los principales países para estabilizar el precio de la energía y el flujo continuo de petróleo libio para el mercado, incluso si el conflicto armado entre los libios continúa en el futuro.

Desde 1970 hasta 2000, el sector del petróleo y el gas se ha visto afectado de modo ostensible por los acontecimientos políticos que experimentó el régimen de Gadafi después de sus intentos de nacionalizar el sector petrolero, ya que la NOC llevó a cabo todas las operaciones relacionadas con la producción de petróleo y gas mediante la contratación de empresas locales asociadas con empresas productoras de petróleo extranjeras y con intentos de instalar infraestructura para este sector.

Con todo, se puede decir que el año 2000 fue testigo de una etapa de cierta estabilidad y crecimiento en el sector después de los intentos de Gadafi de integrarse en la comunidad internacional.

Ahora, el gobierno de Trípoli (oeste de Libia) es consciente de que la presencia de las fuerzas militares del mariscal Haftar en la 'media luna petrolera' constituyen una posición clave y un punto estratégico de superioridad, pero dado que parece que el petróleo será la última batalla que occidente quiere librar en Libia, la presión externa evitó que el mariscal Haftar bloqueara el campo de Al-Sharara (Repsol) en el sur, después de controlarlo sin luchar.

El gas licuado que importan Italia y España

Una de las cuestiones importantes dentro de este amplio tapiz es el gas licuado, ya que Libia fue el tercer país en África en exportar gas licuado a España, pero esta industria sufrió una gran pérdida durante la revolución, además de que la cuestión sobre el petróleo de esquisto bituminoso y el gas licuado en Libia son una gran exageración, por la dificultad de extraer petróleo de esquisto y lo sucedido con la estructura. La posibilidad de la destrucción de la infraestructura petrolera es un tema controvertido que puede requerir atención para resolver el problema libio antes de que sea demasiado tarde.

En cuanto al gas, la producción de Libia aumentó significativamente en 2003 después de que germinase un proyecto en el oeste del país para producir gas. Italia fue el mayor beneficiario de este proyecto a través de la compañía italiana Eni ya que los gasoductos desde Libia se extendieron a Italia, conformando uno de los proyectos más grandes entre ambos países.

Libia exportó gas a Italia de entre 9,4 mil millones de metros cúbicos a 4,9 mil millones de metros cúbicos. La mayoría de las empresas estatales tienen contratos con empresas extranjeras de acuerdo con las cuotas establecidas en la ley libia, que han evolucionado a lo largo de la historia.

III. La historia de Repsol en Libia

Repsol es una multinacional española integrada de petróleo y gas que opera en más de 35 países por la actividad energética de exploración, producción, refinado y comercialización.

La empresa fue fundada en 1986 después de la fusión de varias compañías gubernamentales. La mayoría de sus activos se encuentran en España y Argentina, por la compra de la petrolera argentina YPF en 1999.

El informe anual de Repsol para 2010 desveló que la compañía logró un aumento superior al 200% en el ingreso neto en comparación con el año 2009.

Los ingresos periódicos netos también experimentaron un auge del 55% con respecto a las cifras de 2009. Repsol producía en Libia más de 34 mil barriles de petróleo por día o, lo que es lo mismo, el 3,8% de su producción total de petróleo en todo el mundo.

España comenzó su actividad exploratoria y de producción en Libia a principios de la década de 1970, en torno al Upstream, el negocio principal de la empresa.

Repsol ha estado operando en Libia en el campo de la exploración y la extracción de petróleo de manera sostenida, y en 2008 firmó un acuerdo con Trípoli, según el cual los contratos de exploración y extracción se extendieron hasta 2032.

Los resultados financieros emitidos por la compañía para el segundo trimestre de 2011 pusieron de manifiesto una disminución en las ganancias en comparación con el mismo período en 2010, así como un descenso del 12.9% en la producción inicial. Se decía que esta disminución se debía a la interrupción de la producción en Libia.

Según los datos del año 2011, Repsol tuvo ingresos de 72.84 mil millones de dólares, con unos beneficios de 2.84 mil millones de dólares. Cuenta con unos activos totales de 88.78 mil millones de dólares y su número de empleados ascendía a 33.454 a finales del mismo año 2011.

Las primeras actividades españolas de exploración en Libia

Antes de Repsol, se encontraba en Libia la compañía española Hispanoil. La petrolera española *Sociedad Hispánica de Petróleos S.A. (Hispanoil)* comenzó su actividad de exploración y producción en Libia en el año 1966 y realizó su primera operación, en el desierto libio, en la cuenca de Sirte, a principios de los años 70, en torno al negocio del Upstream[2].

Los orígenes del sector energético español

En cuanto a la actividad petrolífera, España estaba atrasada con respecto al resto de potencias europeas en el desarrollo industrial y, por lo tanto, el país no pudo desarrollar una industria petrolera nacional efectiva.

En España la actividad petrolera fue un monopolio estatal en los años sesenta y setenta, ejerciendo el estado un férreo control directo sobre las ventas, las importaciones y la producción de productos derivados del petróleo.

Ya en 1927, España creó una empresa mixta cuyo objetivo era gestionar el control de energía que recibió el nombre de CAMPSA. En 1941, el gobierno español creó el Instituto Nacional de Industria (INI) para impulsar la industria energética nacional.

---

[2] El *Upstream* se conoce en la actividad del petróleo como la acción de exploración y producción. Esta actividad incluye las tareas de búsqueda de viables yacimientos de petróleo crudo y de gas natural, tanto subterráneos como submarinos, la perforación de pozos exploratorios, y posteriormente la perforación y explotación de los pozos que llevan el petróleo crudo o el gas natural hasta la superficie.

De esta forma, el INI se ha convertido en un *holding* responsable de la gestión de empresas industriales en toda España, incluida CAMPSA.

En 1965, el gobierno español fundó la sociedad petrolera Hispánica de Petróleos (Hispanoil), que era una compañía gubernamental encargada de gestionar la exploración y producción de petróleo en España y en otros países.

Por lo tanto, las primeras actividades de exploración y producción de hidrocarburos españoles en Libia se remontan a los años sesenta y setenta a través de la petrolera estatal española llamada Hispanoil, que era un socio no operativo de la petrolera francesa Elf[3] en el Bloque 105 ubicado en la cuenca de Sirte.

Planes energéticos nacionales en España

El primer proyecto energético español fue un intento de desarrollar un plan nacional de energía, pero este primer conato se abandonó pronto, en 1976, y el país estuvo sin un plan de energía coordinado hasta 1979. Así, para realizar las actividades de producción de energía, el estado español las distribuyó entre varias filiales y compañías públicas.

Finalmente, la crisis del petróleo y los posteriores movimientos para unirse a la Comunidad Europea (CE), forzaron al gobierno español a crear un Instituto Nacional de Hidrocarburos (INH), que sería el predecesor directo de Repsol. El segundo plan nacional de energía, presentado en julio de 1979, sentó las bases para la formación de Repsol. Según este plan, se requería la reorganización de las entidades públicas porque la exploración no había evolucionado lo suficiente.

---

[3] Elf es una compañía petrolera de nacionalidad francesa que se dedica a la actividad de exploración, producción, refinado y distribución de petróleo, que en el año 2000 fue comprada por la petrolera francesa Total.

En diciembre del año 1981, todas las compañías públicas del sector petrolero se consolidaron en una sociedad de cartera que era INH. Las participaciones de los accionistas extranjeros minoritarios en las empresas petroleras públicas españolas fueron adquiridas y compradas gradualmente. En marzo de 1985, España y Libia firmaron un acuerdo para normalizar sus relaciones comerciales. La prensa de la época publicó lo siguiente:

> El secretario de Estado de Comercio, Luis de Velasco, y el presidente de la empresa petrolera libia Brega, Al-Haddad, firmaron el pasado lunes un acuerdo para la normalización de las relaciones comerciales entre los dos países. España y Libia dirimen en estos momentos un contencioso que se centra en una deuda de 80 millones de dólares (14.800 millones de pesetas) que tiene el país árabe con empresas españolas, la congelación de la compra de crudo libio por parte española y la cancelación de contratos de compra de calzado decretada por Muammar El Gadafi. El acuerdo firmado tiene tres partes perfectamente diferenciadas y que inciden sobre los tres puntos del contencioso abierto entre los dos países. [...] La segunda parte del acuerdo abre simultáneamente negociaciones entre la compañía libia Brega y la española Hispanoil para firmar en su caso, y siempre que se den las condiciones más favorables, un acuerdo de importación de petróleo de 30.000 barriles diarios. Si se firma este contrato, se desbloquearía la situación actual de congelación de compras de crudo libio (El País, Madrid, 21/03/1985).

En junio de 1985 se suspende el acuerdo firmado en el pasado mes de marzo del mismo año entre España y Libia para normalizar las relaciones comerciales.

El País (Cases, Pedro. Madrid, 10/6/1985) publica:

> El acuerdo firmado el pasado mes de marzo entre España y Libia para normalizar las relaciones comerciales entre ambos países ha sido prácticamente abandonado, sin que en ningún momento haya negado a entrar en vigor.
> La piedra angular de dicho acuerdo, las negociaciones entre las compañías petrolíferas Hispanoil y Brega, han quedado suspendidas ante las exigencias libias de cobrar su petróleo unos cuatro dólares (aproximadamente 700 pesetas) por barril por encima de los precios estimados por la parte española como aceptables. (El País. Cases, Pedro. Madrid, 10/6/1985)

En 1987, el INH (Instituto Nacional de Hidrocarburos) estableció Repsol S.A. como resultado de la reorganización del sector energético español. La compañía se dividió en cinco compañías subsidiarias a través de las cuales ejerce sus actividades principales.

En septiembre de 1987, todas las empresas energéticas públicas, con la excepción de Enagas, se fusionaron en la nueva compañía llamada Repsol S.A., que era una empresa 100% pública propiedad del estado español.

Así se creó Repsol S.A., como consecuencia de renovar el sector energético español y como un paso previo a su privatización. Y, de modo simultáneo, Hispanoil se convirtió en Repsol Exploration.

Al fundarse Repsol en septiembre de 1987, se convierte en la compañía industrial más grande de España, que incluye exploración, producción, refinado, comercialización, productos químicos, gas natural y otros cuatro aspectos de las operaciones.

De esta forma, Repsol se consolida como una empresa comercial integrada que opera varios sectores del petróleo. Según las estimaciones de instituciones energéticas internacionales, la compañía petrolera Repsol es una compañía petrolífera integral en el mundo, que ocupa el puesto número 47 en el *ranking*.

España fue un país de mercado emergente, las ventas de la industria petrolera estaban controladas por las agencias administrativas del estado y los precios de los productos determinados por el propio gobierno.

Había dos tipos de compañías nacionales, tres compañías petroleras y cuatro compañías químicas. Debido a la larga protección del estado español, en comparación con las compañías petroleras internacionales, Repsol no tenía ninguna ventaja competitiva significativa. Sus filiales operaban independientemente unas de otras, eran autosuficientes y no poseían real conocimiento de los mercados ni de los clientes. Para cambiar esta situación, el gobierno español decidió emprender una reestructuración y privatización en el mercado interno mediante la introducción gradual del mecanismo de competencia corporativa global y, gracias a ello, Repsol mejoró su competitividad en el mercado europeo para la supervivencia. Así, dos años después, el capital de Repsol continuó creciendo y su fortaleza también mejorando.

La compañía Repsol ha estado muy activa desde su establecimiento en actividades nacionales de desarrollo de petróleo y exploración de gas. Hoy, la compañía, además de los campos de petróleo y gas del país, está presente en muchos países extranjeros donde tiene sus propias áreas de petróleo o exploración. En la actualidad, Repsol es la entidad industrial más grande de España y la sexta compañía petrolera más solvente de Europa en términos de ventas. Fundada en 1987 a través de la fusión de compañías petroleras controladas por el estado, Repsol ha sido privatizada en más del 90 por ciento gracias a cuatro ofertas de acciones separadas de 1989 a 1996.

Los primeros años de Repsol

En 1986, España se adhirió a la Comunidad Europea como parte de un plan gradual para permitir que las industrias protegidas del país, incluida la industria petrolera, se adaptasen a las regulaciones de la CE. Con la creación de Repsol, el gobierno esperaba crear una compañía petrolífera nacional integrada que pudiera competir exitosamente en el mercado único europeo.

En 1989, se dio el primer paso hacia la privatización de Repsol, que duraría 8 años. En esta fecha, se tomó la decisión de vender el 26% de Repsol al público, tanto en España como en el extranjero. La liberalización del mercado español continuó hasta mediados de la década de 1990, lo que se tradujo en una mayor competencia para Repsol.

El año 1990 estuvo marcado por un característico descenso de la propiedad del gobierno español en Repsol. Las emisiones de acciones en 1993 redujeron la participación del estado en la compañía Repsol al 40.5%, en 1995 al 21% y en 1996 al 10%. Todo esto fue muy popular en Europa y Estados Unidos, lo que puso de relieve la buena y dinámica posición de Repsol.

La diversificación de Repsol al gas natural resultó muy fructífera, ya que, en 1990, el mercado español de gas natural estaba en sus primeros intentos de estrenar su actividad en el sector. A finales de 1995, alrededor de 40 compañías petroleras diferentes entraron en el ámbito mercantil español. Repsol logró aumentar sus ganancias en más del 11%, superando a la mayoría de sus competidores.

Durante los años siguientes, América Latina, América del Norte, África y Rusia se convirtieron en las áreas de expansión de la compañía Repsol. En este punto, promovieron diversas áreas de la actividad petrolera, especialmente los negocios del Upstream.

En 1999 llega la adquisición de YPF y, así, Repsol se consolida como una compañía con alcance global y una posición estratégica más fuerte. Y, en este momento, se anuncian importantes descubrimientos en regiones como Libia, España, Argentina, Venezuela, Bolivia e Indonesia. En 2002, el Laboratorio Tecnológico de Repsol (LT) abrió sus puertas por primera vez para reunir todas las actividades de I+D de la compañía. La adquisición de Talisman Energy y la integración de la electricidad y el gas natural en la oferta comercial de Repsol fueron algunos de los hitos más notables que marcaron la última etapa de crecimiento de su plan estratégico del 2016-2020.

Repsol y la apertura internacional

La expansión de la compañía llega a Libia, tras la gran oportunidad de compra de los derechos de Rompetrol, la cual abrió un período de grandes progresos en Repsol a todos los niveles especialmente en la exploración y producción.

Libia es uno de los países más destacados para la actividad petrolera de Repsol, fundamentalmente gracias a la compra de los derechos de Rompetrol y los posteriores éxitos logrados en los proyectos de exploración y los importantes descubrimientos.

Repsol versus Rompetrol

Todos los descubrimientos de Rompetrol[4] en la cuenca de Murzuq fueron transferidos a la empresa española Repsol para su desarrollo. Del mismo modo, los pozos en los campos de la cuenca de Murzuq descubiertos por Rompetrol y desarrollados por Repsol comenzaron su producción en diciembre de 1997 a través de una extensión del gasoducto occidental a Al-Zawia.

---

[4] The Rompetrol Group es una petrolera rumana, que opera en toda Europa. La actividad del grupo Rompetrol está principalmente en el refinado, comercialización y venta de petróleo, además de sus operaciones en exploración y producción, y otras actividades de la industria petrolera como la perforación y el transporte.

La petrolera rumana Rompetrol vendió su participación a Repsol a mediados de 1994.

Wojciech Ostrowski[5], Eamonn Butler (2018) afirma que:

"No venderemos nuestro país": la privatización de Rompetrol, la privatización más ilustrativa de las consecuencias perjudiciales de la política aislacionista de Rumanía es la de Rompetrol.

En 1984, en la cuenca de Murzuq, en el suroeste de Libia, la petrolera rumana Rompetrol fue el contratista extranjero original para el desarrollo de un nuevo campo (NC-115) con reservas estimadas de hasta 2.000 millones de barriles, cuya explotación implicaría la construcción de extensas instalaciones de almacenamiento en campos petrolíferos, una red de tuberías y otras infraestructuras, unos 900.000 barriles de nuevas instalaciones de almacenamiento costero en Al-Zawia, una nueva refinería en Sebha y una red de tuberías para conectar.

Sin embargo, en 1993, la implementación de este proyecto (originalmente aprobada en 1989) estaba muy atrasada debido a diversos problemas y restricciones financieras, lo que condujo a Rompetrol a vender su participación en el campo NC-115 a Repsol Exploration.

En esta operación, Libia no quería negociar la salida de Rompetrol con ninguna otra compañía y, de esta forma, se benefició Repsol.

---

[5] Understanding Energy Security in Central and Eastern Europe. Edited by Wojciech Ostrowski and Eamonn Butler. Wojciech Ostrowski, Eamonn Butler - 2018 - Social Science.
«'We will not sell our country': the Rompetrol privatisation. The privatisation most illustrative of Romania's isolationist policy's harmful consequences is that of Rompetrol».

La negociación y posterior venta de los derechos de Rompetrol a Repsol tuvieron lugar en secreto en los últimos días, involucrando al estado libio a través de su compañía petrolera (NOC), al estado rumano a través de su compañía petrolera internacional (Rompetrol) y a España a través de su compañía petrolera (Repsol S.A.).

La venta abarcaba los derechos de un campo de petróleo crudo muy rico con el nombre en clave de NC-115, que el estado rumano había arrendado en 1980 por un mínimo de 25 años.

Aunque el Gobierno de Rumanía, mediante su Decisión del 23 de enero de 1991, transfirió todos los derechos relacionados con la empresa de Rompetrol a la Corporación Pública Petrom, Rompetrol completó la venta de los activos porque el gobierno libio no quería negociar con ninguna otra empresa.

La compañía agraciada de esta inversión rumana en Libia fue Repsol.

Repsol firmó la compra de los derechos de Rompetrol

Cuando la compañía petrolera estatal de Rumania, Rompetrol, estaba planeando transferir sus activos de exploración en Libia a Repsol de España, otras empresas quisieron intervenir en la negociación con Rompetrol para conseguir una participación en los activos de exploración que poseía la compañía de Rumanía en NC 115, en la cuenca de Murzuq, situada al suroeste.

El asunto era bastante delicado en aquel momento. Se cree que la empresa había realizado algunos descubrimientos significativos en la cuenca sur de Muzruq. Rompetrol planeaba transferir sus activos de exploración en Libia a la empresa española Repsol desde 1993, y Repsol Exploration de España confirmó que, en efecto, estaba negociando con Rompetrol para disponer de una participación en la concesión de la empresa rumana, NC 1 15 en Murzuq.

El acuerdo de la compañía rumana Rompetrol con la española Repsol para hacerse cargo del desarrollo masivo del campo Murzuq fue, sin género de duda, una operación de gran éxito ya que el enclave estaba programado para bombear más de 150,000 barriles por día.

La principal aspirante de las empresas privadas involucradas en el desarrollo de la operación del campo Murzuq en el suroeste, era la francesa Total pero los planes seguían preparados para que la española Repsol comprase la totalidad o parte de la participación del estado rumano Rompetrol en la estructura parcialmente desarrollada de 75.000 barriles por día.

La actividad de Repsol en Libia

En 1991 Repsol comenzó las negociaciones con NOC para la adquisición de los derechos que poseía Rompetrol en NC115 de la cuenca de Murzuq. En 1994 Rompetrol firmó el acuerdo de venta a Repsol y, en diciembre del mismo año 1994, Repsol rubricó su primer contrato NC115 EPSA[6] con NOC[7].

Dentro de los acuerdos llevados a cabo, se realizó la firma del primer contrato NC115 EPSA en diciembre de 1994, la aprobación del plan de desarrollo NC115 en abril de 1995, también entró en vigencia el contrato EPSA NC-186 y 187 en mayo de 1998, así como el segundo período de extensión de los Bloques NC-186 y 187 en mayo de 2003. EPSA IV, NC115 y NC186 en enero de 2008.

La aprobación del plan de desarrollo NC115 en abril de 1995, la aprobación del plan de desarrollo NC-186 campo A en junio de 2002, la aprobación del plan de desarrollo NC-186 campo D en agosto de 2003.

---

[6] Exploration & production Share Agreement.
[7] National Oil Corporation.

La aprobación del plan de desarrollo NC-186 campo H en marzo de 2006, la aprobación del plan de desarrollo NC-186/NC115 campo I/R en agosto de 2007 y la aprobación del plan de desarrollo NC-186 campo J y k en diciembre de 2008.

Repsol y sus principales proyectos, los bloques NC-186 y NC 115

Los bloques NC-186 y NC 115, situados en la cuenca de Murzuq, en pleno desierto a 800 kilómetros al sur de Trípoli constituyen uno de los principales proyectos de Repsol.

Desde entonces, Libia se ha convertido en uno de los países más destacados en la estrategia de crecimiento de Repsol, gracias a los éxitos cosechados en varios proyectos y descubrimientos, que también contribuyeron significativamente al desarrollo y la mejora de la riqueza del país. Actualmente, Repsol está operando a través de su subsidiaria Repsol Exploration Murzuq S.A. (REMSA).

Un consorcio conformado por Repsol, Total y OMV por cinco pozos salvajes perforados por los tenedores de los intereses en la concesión de 1994.

El interés en el núcleo del Murzuq se intensificó, mientras tanto, el desarrollo del campo de la cuenca del Murzuq NC-115 se desenvolvía bajo la dirección del consorcio liderado por Repsol Exploración, que comenzó la producción comercial en diciembre de 1996 y llegó a alcanzar un nivel de producción de 200.000 barriles por día.

El consorcio compuesto por Repsol, Total y OMV firmó un acuerdo de producción compartida para el desarrollo del campo de Murzuq. La producción comenzó con una tasa de 75.000 b/d en 1997, y llegó a duplicarse en la segunda fase.

A mediados del 2003 se inició el proceso de la segunda fase exploratoria de un pozo del NC186, en el cual se produjo un descubrimiento de crudo ligero dentro del bloque de exploración en la prolífica cuenca de Murzuq. Ya en 2013 hubo otro hallazgo de uno de los pozos del bloque NC115, con petróleo muy ligero y de alta calidad.

El descubrimiento del tercer pozo de este bloque supuso un enorme rédito debido a sus excelentes cualidades, quedando como uno de los mejores reservorios de hidrocarburos.

En términos de producción compartida, la primera parte representa al estado libio a través de la NOC y la segunda parte representa al consorcio de petroleras extranjeras. En el acuerdo de producción compartida del NC115, la NOC tiene el 87% mientras que el consorcio posee el 13%; y en el otro acuerdo de producción compartida del NC186 la NOC detenta el 88% frente al 12% que tiene el consorcio.

Estos recursos se comparten entre los miembros del consorcio, que representan la segunda parte y el reparto se realiza de la forma que sigue a continuación:

1) En el consorcio NC186[8]: La española Repsol 32%, la francesa Total 24%, la austriaca OMV 24% y la noruega Equinor 20%.

2) El consorcio del NC115[9]: Repsol 40%, Total 30% y OMV 30%.

NC 115: Situado en la cuenca de Murzuq, a 800 km al sur de Trípoli. En 2003 Repsol descubrió en este bloque el pozo A1-129, con petróleo muy ligero y de alta calidad. Este fue el tercer pozo perforado en este bloque y ha demostrado un excelente nivel de calidad como reserva de combustibles fósiles.

---

[8] NC 186: Producción compartida entre NOC, Resol, Total, OMV y Equinor.
[9] NC 115: Producción compartida entre NOC, Repsol, Total y OMV.

NC-186: También ubicado en la cuenca de Murzuq, en mayo de 2003, comenzó el proceso de la segunda fase de exploración del pozo I1-NC186. Repsol (España) es el operador de este bloque con una participación del 32%, junto con la NOC (Libia) y tres compañías europeas: OMV (Austria), Total (Francia) e Hydro (Noruega).

Como ya se ha explicado antes, las actividades actuales de Repsol, llevadas a cabo a través de su filial Repsol Exploration Murzuq S.A. (REMSA), comenzaron a finales de 1994, después de la firma de un contrato con la National Oil Corporation (NOC) para explorar, desarrollar y producir petróleo en el bloque NC115 ubicado en la remota región de Murzuq del desierto del Sahara, a unos 800 kilómetros al sur de Trípoli.

REMSA actúa como el líder del consorcio formado por los otros socios OMV y Total, mientras que NOC ostenta la otra parte.

Otras actividades de exploración llevadas a cabo en el bloque NC115 culminaron en una serie de descubrimientos adicionales y llevaron los campos productores actuales a un total de 10 campos. Hasta hace poco, Repsol tenía derechos mineros en 16 bloques en Libia.

De estos, hay 14 (dos de los cuales están en alta mar) bloques de exploración con una superficie total de 134,190 km2, y los otros 2 bloques son de desarrollo con un área total de 5,911 km2. Estos bloques cubren tres áreas, correspondientes a las cuencas de Sirte, Kufra y Murzuq.

El primer descubrimiento fue realizado por el antiguo propietario de los derechos de Rompetrol en 1984.

Después de la compra de los derechos, Repsol realizó los siguientes descubrimientos: en NC-186 bloque (A1), año 2000; NC-115 bloque (N1), año 2001; en NC-186 bloque (B1, D1), año 2001; en NC-115 bloque (O1), julio de 2003; en NC-186 bloque (H1), mayo de 2004; en NC-115 bloque (P1), junio de 2005; en NC-186 bloque (I1), agosto de 2005; en NC-186 bloque (J1), octubre de 2005; y en NC-186 bloque (K1) en noviembre de 2005.

La adquisición del bloque NC186 adyacente al bloque NC115 en mayo de 1998 produjo importantes descubrimientos adicionales y, desde entonces, han entrado en funcionamiento 7 campos.

Además de los socios presentes en el bloque NC115, Equinor (anteriormente Statoil) es el cuarto miembro del segundo consorcio en el bloque NC186.

La primera y la segunda parte designaron a Akakus Oil Operations (AOO[10], anteriormente Repsol Oil Operations) como operador de las actividades de desarrollo y producción en los bloques NC115 y NC186, mientras que REMSA actúa como el operador de exploración en ambos bloques.

Hasta la crisis que comenzó en 2011, el éxito alcanzado por Repsol en proyectos y descubrimientos libios convirtió a Libia en uno de los países más destacados para las estrategias de crecimiento de Repsol.

---

[10] Akakus Oil Operations (anteriormente Repsol Oil Operations) es una compañía petrolera libia con sede en Trípoli, Libia. AOO (Akakus Oil Operations) está operando dos (2) concesiones en el desierto del Sahara. La primera es el área de concesión NC-115 y está aproximadamente a 680 km al sur de Trípoli. La segunda es el área de concesión NC-186 cerca de la anterior, a unos 30 km. El petróleo se canaliza desde los campos petroleros en las áreas NC-115 y NC-186 a través de NC-115 GOSP "A" y luego a la Terminal de Zawia, que se encuentra en la costa mediterránea. La terminal de Zawia se encuentra a unos 45 km, al oeste de Trípoli. En Zawia, hay nueve tanques de techo flotante de almacenamiento de petróleo con una capacidad de 300,000 barriles cada uno.

Las actividades de Repsol y sus socios europeos en el área de Murzuq, en asociación con NOC, han contribuido fuertemente al desarrollo y la consolidación de la riqueza actual y futura del país, a la par que constituyen excelentes ejemplos del compromiso firme y prolongado con Libia. En febrero del 2011, Repsol abandonó su actividad en el país y repatrió a sus trabajadores.

Repsol cuenta con derechos mineros sobre nueve bloques, ocho de exploración y uno de producción, que suman una superficie de 20.709 kilómetros cuadrados. La paralización de la actividad de Repsol en Libia suponía la perdida de muchos millones de euros en términos brutos. Las pérdidas por la paralización de la actividad en el país norteafricano tuvieron un fuerte impacto en los beneficios brutos de Repsol.

El campo petrolero de Al-Sharara

Gadafi concedió a Repsol en el año 1994 la adquisición de los derechos del yacimiento petrolero del campo de Al-Sharara, ubicado en la cuenca de Murzuq.Este enclave petrolífero está ubicado en el desierto libio, en la cuenca de Murzuq. Fue descubierto en 1980 y desarrollado por Rompetrol. Desde 1994 el campo es propiedad de Repsol así como gestionado por la mencionada compañía. La NOC (National Oil Corporation) comenzó a operar en el campo de Al-Sharara en sociedad con Repsol, Total, OMV y Statoil.

El núcleo petrolero de Al-Sharara se encuentra en el suroeste de Libia, cerca de la ciudad de Ubari, y se considera uno de los campos de petróleo más grandes de Libia. Es administrado por la compañía Akakus Petroleum Operations, y su producción es de alrededor de 350 mil barriles por día. El campo está conectado a un hangar de depósito en un ángulo con una longitud de 723 km y un diámetro de 30 pulgadas. El número de tanques que reciben el suministro en el ángulo es de 9 tanques, la capacidad de cada tanque es de 300 mil barriles, es decir, un total de 2.7 millones de barriles.

La producción del campo comenzó el 12 de diciembre de 1996, y el primer envío del crudo de Al-Sharara se produjo el 1 de septiembre de 1998. En 2007, se tomó la decisión de reconvertir el nombre de "Repsol Petroleum Operations Libia Branch" en "Akakos Petroleum Operations Company".

En la actualidad, el campo está sujeto a un acuerdo de intercambio entre la National Oil Corporation y el socio extranjero formado por la compañía española Repsol, la francesa Total, la austriaca OMV y la noruega Equinor. Actualmente, el núcleo de Al-Sharara, que es el mayor yacimiento petrolífero de Libia, sigue siendo la base de una disputa entre el gobierno internacionalmente reconocido con sede en Trípoli (oeste) y un gobierno en competencia en el este del país. Las reservas probadas totales del campo de Al-Sharara son de 3 mil millones de barriles (403 x 106 toneladas), y la producción se sitúa en torno a los 300,000 barriles por día (48,000 m3 / d). El yacimiento de Al-Sharara y su vecino de Al-Feel, que tienen una capacidad total de producción de unos 300.000 barriles de petróleo diarios a pleno rendimiento, son objeto de forma regular de ataques de las milicias de la zona para forzar las negociaciones con el gobierno.

Hasta febrero de 2011, Repsol estuvo desarrollando con normalidad su actividad petrolera a través de su filial Repsol Exploration Murzuq S.A. (REMSA). Repsol empleaba en Libia a más 300 personas. Las continuas revueltas han motivado la suspensión de la actividad de Repsol en Libia, originando la parada de la producción que ha traído complejas consecuencias y ha provocado graves daños en las instalaciones de Repsol fruto de los diversos combates, pillajes y sabotajes ocurridos en la zona donde Repsol operaba. Tales desmanes se acentuaron por el estallido del conflicto entre las tropas de Gadafi y los revolucionarios, que causaron el saqueo de generadores, sistemas de bombeo y otros equipos. Las tropas de Gadafi, en su huida hacia el sur, produjeron desperfectos en las oficinas y en las dependencias del personal.

Contratos hasta 2036

La extensión de los contratos en Libia fue suscrita en julio de 2008 entre Repsol y la petrolera estatal NOC. El acuerdo aumentó la duración de los contratos de los bloques NC-115 y NC-186. A la petrolera española se le concedieron 15 años adicionales en el contrato del bloque NC-115, y 9 años en los contratos del bloque NC-186.

Junto a esto, el grupo presidido por Antonio Brufau amplió en cinco años las licencias de exploración en los bloques anteriores. Como contrapartida, el consorcio en el que participa deberá pagar un bono en tres plazos de 1.000 millones de dólares (640 millones de euros). Este consorcio está integrado por la austriaca OMV, la francesa Total y, en bloques particulares, la noruega Statoil. Los planes de Repsol y NOC conllevan una inversión bruta de 4.000 millones de dólares (2.560 millones de euros), de los cuales la compañía libia aportará la mitad. La producción máxima contemplada es de 380.000 barriles de crudo al día.

IV. Petróleo y política en Libia

Como ya hemos señalado antes, en Libia, los hidrocarburos suponen aproximadamente más del 90% de los ingresos totales del país, de los cuales la inmensa mayoría corresponden a las exportaciones de petróleo y gas. Además de lo expuesto, el petróleo libio tiene dos privilegios a tener en consideración; el primero es su cercanía absoluta a Europa; y el segundo, su petróleo crudo, que es ligero, de alta calidad, con bajo nivel de azufre y escasa profundidad, que le sitúa muy cerca de la superficie y, de esta forma, se reduce el costo de su extracción al máximo. Por consiguiente, se puede afirmar que, gracias al petróleo y al gas, Libia es la sexta potencia económica de África. El petróleo constituye el 95% del total de exportaciones libias.

Después de que Libia obtuviese su independencia en 1951, su economía dependía en buena medida de la ayuda proporcionada por las superpotencias y la financiación que se otorgaba al país por el alquiler de sus tierras para las bases de las fuerzas estadounidenses y británicas. En 1956, el gobierno del Reino de Libia dio el primer permiso a la compañía petrolera norteamericana ESSO para explorar los terrenos en busca de petróleo y, así, a través de la misma, garantizar los gastos de exploración y el descubrimiento de la primera presencia de petróleo en Libia en el campo de Zultun. Diez años más tarde, en 1961, Libia se convirtió en una valiosa fuente de petróleo, con 167 km de tuberías que conectaban el interior de Libia y la costa. En 1970 la producción alcanzó los 3 millones de barriles por día.

Después del golpe de 1969 y la nacionalización del petróleo libio, que puso en conflicto a las principales empresas con el estado libio, Gadafi trató de utilizar el petróleo en sus políticas exteriores en apoyo de la unidad árabe y contra el proyecto sionista[11].

---

[11] El proyecto sionista es un plan colonial de Israel que aboga por el control total de Palestina y otros posibles terrenos de los países árabes limítrofes.

El descubrimiento del petróleo, el cambio hacia un enfoque socialista, la lucha contra el sector privado y la consideración del comercio y las ganancias abundantes de la exportación del petróleo, hicieron que la sociedad libia dependiera totalmente del estado y las pensiones para los empleados del sector público.

Los efectos de las sanciones y el embargo

Los intentos de Libia por enrolarse a la comercialización de productos derivados del petróleo en los países desarrollados han incluido la compra, en 1986, del grupo italiano Tamoil, que con frecuencia proporcionó una importante salida de comercialización petrolera, cuando el exceso de petróleo internacional se desarrolló durante el embargo contra Libia de los noventa.

La Compañía Nacional de Petróleo (NOC) ofreció atractivas ofertas a compañías petroleras extranjeras para trabajar con ellos y, de ese modo, expandir la capacidad de los campos petroleros que no estaban dando los resultados que la NOC esperaba por los efectos de las sanciones y el embargo.

La cuota libia en la OPEP

Para 1992, la cuota libia de la OPEP se estableció en 1,4 millones de barriles por día, luego fue reducida a 1,35 m. b/d, y desde el 1 de abril de 1993 fue ajustada a 1,39 m. b/d. Desde el 1 de octubre de 1993, la producción real de Libia tuvo un promedio aproximado de 1,6 millones b/d. Durante 1991 y 1992 Libia obtuvo ingresos de al menos 10.000 millones de dólares por año. Durante 1993, la producción de petróleo libio promedio alcanzó un poco más de 1,37 millones de barriles por día. En el transcurso de 1993, el precio del petróleo se había recuperado en más de $ 16 por barril, un nivel que se mantuvo en aumento de manera constante hasta la primera mitad de 1994. El precio promedio mensual, al contado, del crudo descendió de más de 18 dólares por barril a menos de 14 $ por barril.

El tamaño de la riqueza petrolera en Libia

El petróleo en Libia constituye la principal fuente de recursos del país desde que se descubriera por primera vez en 1958 y la producción comenzara oficialmente en 1961. Ahora y en la actualidad de los días de conflictos, la incertidumbre de la situación libia y las estadísticas decían que Libia bombeaba petróleo entre 1,5 millones b/d, 75 mil b/d y 0 b/d, ya que las volubles cifras dependían del día y de los incidentes que sucediesen.

Por un lado, para el gobierno francés, los intereses de la petrolera francesa Total son una prioridad nacional y cada aumento en la participación de este gigante es una victoria política y económica para todos los franceses.

Por otro lado, dado que Italia y sus principales intereses en Libia están representados por la petrolera Eni, defenderla es una prioridad del gobierno italiano, esgrimiendo como argumento su influencia histórica en Libia, de ahí que Eni y sus intereses sean puntos relevantes en la agenda del gobierno italiano, que cuida en sumo grado su política con respecto a Libia.

Por eso, vemos que la lucha política entre Italia y Francia para preservar los intereses de las dos empresas transcontinentales es una situación común en la última década. Así y dada la atrayente localización de Libia, muy cercana a Europa, los europeos han comenzado varias iniciativas de ayuda al gobierno de Trípoli.

En resumen, la UE y otras potencias mundiales han manifestado un gran interés en fomentar la estabilidad, la democracia y la transparencia en Libia. Con todo, es al pueblo libio a quien corresponde tomar las difíciles decisiones que conduzcan a su país a un futuro brillante y entierren la herencia del pasado.

El riesgo de continuas diferencias sobre los europeos

Los europeos ven que las diferencias franco-italianas han afectado y perjudicado significativamente el papel europeo en Libia y contribuido a la disminución del rol fundamental que disfrutaron los europeos después del 2011, lo que requirió más mediación de la Unión Europea e intervención especial de Alemania para resolver esta disputa y organizar la casa doméstica europea. Las consecuencias negativas de estas diferencias entre Francia e Italia no se limitarán a los dos países, sino que abarcarán a toda Europa y especialmente a España por varias razones, la más importante de ellas y una de las más dañinas para Europa es la intervención rusa y la participación turca en los enfrentamientos armados.

El tamaño de las pérdidas de petróleo debido a la guerra

Como ya hemos explicado anteriormente, la producción de petróleo en Libia ha sido testigo de fuertes fluctuaciones en los últimos años debido a los ataques armados, las protestas y el frecuente cierre de puertos y campos petroleros tras los acontecimientos de la revolución libia en 2011. De 2013 a 2016, los incidentes armados y el cierre de los puertos petrolíferos causaron a Libia cuantiosas pérdidas de miles de millones de dólares, lo que llevó, según el Banco central de Libia, al agotamiento de las reservas de divisas del país. En 2018, el cierre de los puertos y campos petroleros en el este del país supuso pérdidas de 920 millones de dólares, nada menos.

Los tanques de petróleo no se salvaron de la destrucción, de hecho, en Ras Lanuf de 13 reservorios solo quedan cuatro tanques activos, y en Brega, Libia central, los tanques de petróleo también fueron dañados por las batallas en este área.

Según lo expuesto, en los últimos años, Libia ha perdido cientos de miles millones de dólares en ingresos petroleros debido al cierre de los puertos de exportación de petróleo, sin olvidar la agitación que dio al traste con jugosas oportunidades de comercialización del petróleo libio a precios superiores a los 115 dólares por barril, antes del colapso de precios que comenzó a mediados de 2014.

La producción de Libia, que tiene las mayores reservas de petróleo en África, disminuyó a 600 mil barriles por día de petróleo crudo. Las reservas de divisas de Libia se contrajeron de 100 mil millones de dólares a alrededor de 80 mil millones, en medio de que las instituciones internacionales advertían de quedarse sin reservas de efectivo en 4 años, si el agotamiento de la seguridad y la tensión política continuaban a su ritmo.

El proceso de exportación

Libia exporta, en situaciones normales, más de un millón y medio de barriles por día de petróleo crudo, mientras que, en gas natural, exporta alrededor de mil millones de pies cúbicos de los dos mil millones de pies cúbicos que produce el país.

El gas natural se exporta a Italia por la compañía Melita Gas a través de una línea de gas que se extiende bajo el Mediterráneo desde Libia a Italia, que es propiedad de la compañía Green Stream, mientras que la producción de gas de Sirte se destina para el consumo interno de Libia, ya que solo se exporta al extranjero el gas licuado y el condensado.

Libia es miembro de la organización de países exportadores de petróleo (OPEP), pero desde el comienzo del conflicto, la baja producción de petróleo ha brindado la oportunidad a otros países de la OPEP, especialmente a Arabia Saudita, de aumentar la producción de petróleo crudo para compensar la disminución de la producción libia.

Desde febrero de 2011, el sector de petróleo y gas de Libia se ha visto afectado por la violencia, la guerra civil y la inestabilidad política, determinando que la producción general de energía haya disminuido drásticamente.

Después de que la primera fase de la guerra civil terminase en 2012, las compañías de petróleo y gas hicieron inversiones para restaurar la producción, pero se renovaron los combates en 2014, con lo que se volvieron a reducir la producción y las inversiones. La infraestructura eléctrica en Libia también se ha dañado, y tomará algún tiempo volver a los niveles de capacidad de producción del 2010.

En este contexto, los ingresos del petróleo libio disminuyeron en casi el 91% durante los últimos cuatro años, frente al descenso experimentado en el año 2013 cifrado en un 21%, además de que las exportaciones continuaron disminuyendo durante 2014 en un 57%, mientras que en 2015 los ingresos se redujeron en un 51% y durante el año 2016 lo hicieron en un 50%.

La importancia estratégica, energética y demográfica

La importancia estratégica de Libia para Europa, especialmente para Francia, Italia, Gran Bretaña y Alemania, ha surgido desde el descubrimiento del petróleo en Libia.

Todos los estados interesados en Libia tienen compañías petroleras que operan en el país para explorar y extraer petróleo y gas. Pero, además de su importancia energética, Libia posee un gran valor como región de tránsito entre Europa y África. Por lo que se refiere a Repsol, la compañía petrolera española está presente en el país desde los años setenta y ha llevado a cabo importantes inversiones en Libia en los últimos años, de ahí su interés por mantener su presencia en la zona.

En 2008 Repsol negoció los términos reales de los nuevos acuerdos EPSA IV, y amplió la vigencia de los contratos que expiraban, en el caso del bloque NC115, en 2017 y, en el caso del bloque NC186, en 2023 y 2028, para llegar a un acuerdo que cubrió los requisitos de la NOC y aseguró los intereses de Repsol y sus socios.

Repsol acordó con la NOC los términos del nuevo EPSA IV de la siguiente forma:

1) Los factores se quedaron en el 13% para NC115 y del 12% para NC186.

2) La bonificación se fijó en 1.000 millones de dólares.

3) Para NC 115 y NC186 los contratos se extendieron hasta el final de 2032.

4) Los gastos de exploración quedaron recuperables si el descubrimiento era comercial.

5) Acordaron cinco años de período de exploración para NC115, NC186 y NC187.

6) El factor para la exploración se estableció en el 12%.

Solo en el año 2010 Repsol destinó 83 millones de euros, mientras que un año antes había invertido la nada desdeñable suma de 136 millones. Sus contratos de operación y explotación se extendieron hasta 2032, de acuerdo con la renovación de licencias firmada en 2008.

La prórroga acordada con la NOC supuso para Repsol una inversión de 2.000 millones de dólares (unos 1.390 millones de euros) para alcanzar una producción de 380.000 barriles al día. Pero poco después la producción petrolera de Libia se derrumbó, en pocos días, al nivel más bajo desde la guerra civil de 2011.

La NOC (Corporación Nacional de Petróleo) expuso que la producción del país ya se había desplomado de unos 1,3 millones de barriles al día a sólo 400.000 bpd desde que el mariscal Haftar inició el bloqueo.

Libia tocó su suelo de producción en 150.000 bpd en mayo de 2014 y, simplemente, el mercado descontó la volatilidad geopolítica inherente a la situación del país. El precio del petróleo cayó, ya que las previsiones de la AIE[12] de un superávit en el mercado durante la primera mitad de ese año fueron suficientes para anular las preocupaciones sobre los trastornos militares que habían reducido la producción de crudo de Libia.

La complejidad del escenario libio y la dificultad de encontrar soluciones factibles para el caos que azota el país desde el derrocamiento de Gadafi en 2011, además de la diversidad de actores y potencias implicadas, hacen que sea verdaderamente difícil llegar a una solución satisfactoria. Desde los incidentes de la revolución de la 'primavera árabe', la Corporación Nacional de Petróleo de Libia anunciaba continuamente que la producción de petróleo crudo bajaba, aumentaba, se paraba y se reanudaba.

La fluctuante dinámica de interrupciones y reanudaciones de la producción del petróleo libio, es debida a una serie de razones políticas y militares que generaban continuos enfrentamientos entre las diferentes milicias que controlaban el país desde la caída del régimen de Gadafi.

También podemos afirmar que las frecuentes interrupciones parciales o totales de los suministros del campo de Al-Sharara, se generan principalmente debido al cierre continuo del oleoducto de Al-Sharara ora por las tribus de las regiones colindantes, ora por las milicias del sur o por cualquier fuerza militar que controla los terrenos adyacentes o domina los tres puertos petroleros en el este de Libia.

Acciones que provocan la interrupción de cientos de miles de barriles por día de capacidad de exportación, con el fin de exigir un incremento de la autonomía para sus regiones o una mayor proporción de la riqueza petrolífera.

---

[12] AIE = Agencia Internacional de Energía.

Información general sobre el petróleo y gas en Libia

Libia atesora las mayores reservas de petróleo del continente africano, y también ocupa el noveno lugar entre los países con más reservas probadas de petróleo.

Las tasas estimadas de las reservas son de 46.400 millones de barriles, lo que se traduce en el 3,94% de las reservas mundiales, y el 4,87% de lo que produce la OPEP. Además, la producción diaria en 2010 alcanzó 1,65 millones de barriles.

Si mantenemos la producción libia de 1,65 millones b/d constante, sin añadir ningún nuevo descubrimiento de petróleo, entonces podemos afirmar que Libia seguirá produciendo petróleo durante 77 años sin que se agote.

Además de la riqueza petrolera, Libia también tiene reservas probadas de gas natural estimadas en 1549 mil millones de metros cúbicos o, aproximadamente, el 0,83% de las reservas mundiales, mientras que el tamaño del mercado alcanzó los 15,9 mil millones de metros cúbicos, esto es, el 0,53% del gas total comercializado en el mundo.

La capacidad de las refinerías existentes en Libia se cifra en 378 mil barriles por día, mientras que la producción total de derivados de petróleo en Libia se estima en 325.7 mil barriles por día.

Como puede observarse, las tierras libias contienen grandes cuencas petroleras y puertos, que le ayudan a generar enormes ingresos financieros.

Las cuencas petrolíferas más importantes de Libia

Libia tiene unas cuencas principales que son la cuenca de Sirte, la cuenca de Murzuq, la cuenca de Ghadames y la cuenca marítima de Tripolitania, además de dos cuencas improductivas en el sureste, que son la cuenca de Al-Kufra, y la cuenca de Barqa (Cirenaica) en el noreste.

Estas cuencas contienen grandes cantidades de reservas de petróleo y gas. El 82% de las reservas recuperables de petróleo y el 32% del gas se encuentran en la cuenca de Sirte, y se cree que gran parte de las reservas del país en otras cuencas aún no se han calculado.

Cuenca de Sirte: Representa aproximadamente dos tercios de la producción de petróleo libio, además de su control sobre el área llamada 'media luna petrolera' (creciente petrolero), que se extiende sobre un área de más de 250 km desde Bengasi en el este hasta Sirte en el oeste, y contiene dentro de ella el 80% de las reservas de petróleo libias. La cuenca del Sirte es una de las cuencas petrolíferas más importantes del país. Se encuentra en el este de Libia, e incluye 16 campos productivos, incluido el campo Al-Sarir, uno de los núcleos petroleros más grandes de Libia, con reservas probadas de 4.800 millones de barriles.

Cuenca de Ghadames: La cuenca de Ghadames se encuentra al noroeste de Libia, y parte de ella se extiende hacia el suelo tunecino y argelino, cubriendo un área de 390 mil kilómetros cuadrados. Esta cuenca incluye el campo Al-Wafa, el principal proveedor de gas en el proyecto de gas del este libio.

Cuenca de Murzuq: La cuenca de Murzuq abarca una gran área en el suroeste libio, que incluye el campo de Al-Sharara (Repsol), uno de los emplazamientos libios más prominentes. También se encuentra dentro de la misma cuenca el importante campo petrolero de Al-Feel (Eni).

La cuenca marina de Tripolitania: La cuenca marina de Tripolitania se halla en aguas libias al noroeste de la ciudad de Sabratha, a 121 km de la capital, Trípoli. Está ubicado dentro de esta cuenca el campo marino Al-Bury, que cuenta con una reserva recuperable de dos mil millones de barriles de petróleo.

Los campos más importantes y el tamaño de su producción

Si nos preguntamos, ¿cuántos campos de petróleo hay en Libia?, entonces podemos decir que existen muchos y diferentes campos repartidos por todo el país, que producen una variedad de petróleo crudo y de petróleo esquisto[13]. Además de los numerosos puertos petroleros, que veremos a continuación.

Los principales campos son Al-Feel y Al-Sharara. Solo la producción de estos dos campos es de más de 300 mil barriles por día cada uno.

Después del cierre de los puertos, la producción cayó hasta los 72,000 barriles por día, una cifra ínfima si tenemos en cuenta que Libia llegó a producir más de 1.3 millones de barriles por día, mientras que los ingresos del petróleo el año 2014 ascendieron a unos 22.5 mil millones de dólares aproximadamente.

El campo petrolero de Al-Sharara (Repsol) es el más importante en Libia, cuya producción alcanza los 300 mil barriles por día, lo que equivale a una cuarta parte del producto interno bruto de petróleo de Libia.

Otro núcleo significativo es el campo de Waha (Total), que produce más de cien mil barriles por día; y, de otra parte, el campo de Masala y Al Nafoura, cuya producción supera los doscientos mil barriles por día.

La producción del resto de los campos asciende a menos de cien mil barriles por día, distribuidos en varios campos petrolíferos y plataformas marítimas como Al-Bouri (Eni).

Los campos petroleros más importantes de Libia:

Los campos petroleros libios más importantes son los siguientes:

---

[13] Es un petróleo no convencional producido a partir de roca mediante descomposición química o disolución térmica. Estos procesos convierten a la materia orgánica contenida dentro de la roca en petróleo y gas.

- **Amal (WinterSchall y Zueitina):** Emplazado en los oasis cercanos al oasis de Awjila, al noreste de Libia. Bombea y produce unos 400 mil barriles diarios, lo que equivale aproximadamente a un tercio de la cantidad de petróleo producida en el país. Es administrado por Al-Harouj Oil Operations Company.

- **Al-Dhahra (Waha oil, ConocoPhillips, Marathon y Hess):** Está ubicado al suroeste de Sirte, al norte de Zala y al oeste de Marada. Es considerado uno de los campos petroleros más antiguos, fue sometido a una destrucción casi completa como resultado de las operaciones de combate, sabotaje y saqueo que afectaron a la mayoría de las instalaciones de producción y servicio, pero fue restaurado nuevamente. Cuenta con una producción diaria de 120 mil barriles. Es administrado por NOC y las petroleras estadounidenses Hess, Marathon y ConocoPhillips.

- **AL-Fareg (Waha oil Company):** Se encuentra a 60 km al suroeste del campo Jalou, y contiene unas reservas de petróleo estimadas en 12,2 millones de barriles de petróleo.

- **Zultun (Sirte Oil):** Constituye uno de los campos petroleros más grandes e importantes de Libia. Se localiza a unos 170 km al sur del puerto de Brega, siendo el campo petrolero más grande del golfo de Sirte.

Contiene 229 pozos, y producía, antes del 2011, alrededor de 30,000 barriles por día extraídos de un total de 120 pozos. El campo es administrado por Sirte Oil Company.

- **Al-Sharara (Repsol y NOC):** Se encuentra en el desierto de Murzuq, al sur de Trípoli. El campo petrolero Sharara es el más significativo de Libia, y su producción alcanza los 300 mil barriles por día, lo que equivale a una cuarta parte del producto interno bruto de petróleo de Libia. Es administrado por NOC, Repsol, Total y OMV.

- **Al-Waha (Total y NOC):** Al-Waha que produce más de cien mil barriles por día, es administrado por NOC, Total ConocoPhillips y Hess. La producción de petróleo en este campo antes del año 2011 era de 345.000 bpd.

- **Misala (Gulf Oil Company - Agoco):** Este campo tenía una producción, antes del 2011, que superaba los doscientos mil barriles por día.

- **El campo de Al-Feel (Eni y NOC):** Se encuentra en el desierto de Murzuq, al sur de Trípoli. Se trata de un campo petrolífero ubicado en la cuenca de Murzuq, en el suroeste de Libia, que contiene más de 1.200 millones de barriles de reservas, siendo el núcleo petrolero más extenso de dicha cuenca.

El campo de Al-feel es operado y administrado conjuntamente entre la NOC (National Oil Corporation) y la italiana Eni Company, mientras que la petrolera rusa Gazprom controla un tercio de la participación de Eni en el campo bajo un acuerdo entre ambas. La producción antes del año 2011 era de 125.700 barriles por día.

- **Al Nafoura (Gulf Oil Company - Agoco):** Es un campo con una producción, antes del 2011, de aproximadamente más de doscientos mil barriles por día.

- **Al-Wafa (Eni y NOC):** El campo se encuentra situado a 540 km al suroeste de Trípoli. La producción diaria de Al-Wafa, antes del 2011, fue aproximadamente de 30 a 40 mil barriles por día. El campo de Al-Wafa es operado y administrado conjuntamente entre la NOC (National Oil Corporation) y la italiana Eni Company.

- **Al-Bouri (Eni):** Se ubica a 120 km al norte de la costa libia en el Mediterráneo, siendo el mayor campo productor de petróleo en el Mediterráneo. Contaba con una producción diaria, antes del 2011, de 44.500 barriles.

- **Al-Sarir (Agoco):** Campo petróleo que producía antes del 2011 unos 420.000 barriles por día.

Otros campos petrolíferos libios destacados son:
- El campo de Al-Hariga (AJOCO).
- El campo de Al-Mabruk (Total).
- El campo de Es-Sidra (Total y ConocoPhilips).
- El campo de Al-Jurf (Total y WinterSall).

Además de los mencionados, hay muchos otros focos petrolíferos repartidos por los territorios libios.

Puertos petroleros libios y el proceso de exportación

En Libia, coexisten varios puertos para la exportación de petróleo, incluidos el puerto petrolero Hariga en la ciudad de Tubruk y el puerto de Zuitina en la ciudad de Ijdabiya en el este de Libia, los puertos de Brega, Ras Lanuf y Sidra en el centro de Libia, así como los puertos de Zawiya y Melita en el oeste de este país.

La NOC[14] en Trípoli supervisa el proceso de exportación de petróleo en barcos petroleros con un tonelaje de más de un millón de barriles, lo que equivale a 159 litros por barril.

Como ya hemos mencionado, los principales puertos petrolíferos libios están ubicados en un área llamada 'media luna petrolera', que se extiende 250 kilómetros hacia el este, entre Sirte y Bengasi. El área de la 'media luna' incluye los puertos de Sidra, Ras Lanuf, Brega y Zuitina.

Libia exporta, en situaciones normales, más de un millón y medio de barriles por día de petróleo crudo, a través de sus diversos puertos petroleros, la mayoría de los cuales se encuentran en la región llamada el creciente petrolero, que incluyen:

Puerto de Sidra: A 180 km al este de Sirte, su capacidad de producción supera los 400 mil barriles por día e incluye 19 embalses con una capacidad de aproximadamente 6.2 millones de barriles.

Puerto Ras Lanuf: Está a 23 km del puerto de Sidra, y su capacidad de producción es de 220 mil barriles por día.

---

[14] National Oil Corporation: Corporación Nacional de Petróleo.

Puerto Al-Zuitina: Se encuentra en la ciudad de Ajdabiya, a una distancia de 180 km al oeste de Benghazi, y su capacidad de producción es de cien mil barriles por día.

Puerto Hariga: Se emplaza en la ciudad de Tobruk, y su capacidad de producción es de aproximadamente 110 mil barriles por día.

Puerto Brega: Ubicado en el Golfo de Sirte, en el punto más meridional del Mediterráneo, a unos 600 km al este de la capital, Trípoli. Es el puerto petrolero con menos producción en Libia y produce pequeñas cantidades de petróleo.

Puerto Az-Zawiya: Produce unos 290 mil barriles por día.

Puerto Melita: La producción de este puesto se sitúa en torno a los 30 mil barriles por día.

Empresas que operan en el sector petrolero de Libia

Operan en Libia varias compañías nacionales e internacionales, que han obtenido ventajosos contratos de concesión en el campo petrolero, incluidas las compañías que trabajan en producción, fabricación, refinado y otras en exploración, extracción, mantenimiento y servicios. Las entidades petroleras nacionales más importantes, que operan en el campo petrolero y cuya titularidad pertenece total o parcialmente a Libia, son las compañías NOC, Sirte, Al-Waha, Melita, Agoco, Akakus, Al-Haruj y Al-Mabrouk.

Entre las compañías internacionales más relevantes que operan en Libia se encuentran la italiana Eni, que es la empresa petrolera más grande de Libia, la española Repsol, que cuenta también con una gran importancia, las francesas Total y Schlumberger, junto a las norteamericanas, ExxonMobil, ConocoPhillips, Baker Hughes y Halliburton. También está la alemana WinterSchall, la austriaca OMV, la británica British Petroleum, las rusas Gazprom y Tatneft, la argelina Sonatrach, entre otras. Además de todas estas, existen otras empresas más pequeñas, incluidas empresas estadounidenses, turcas, chinas y egipcias que trabajan en el campo de la perforación.

Reservas del petróleo libio

Los datos de la OPEP mostraron que Libia ocupa el quinto lugar en el mundo árabe con reservas de aproximadamente 48.360 millones de barriles. Por otra parte, las reservas de gas de Libia son de aproximadamente 54,6 billones de pies cúbicos, lo que la ubica en el puesto 21 de reservas mundiales de gas.

Las mayores reservas probadas de petróleo en África

Libia posee las mayores reservas probadas de petróleo en África, además de ser un importante proveedor de crudo ligero con bajo contenido de azufre. Según el Instituto de Washington para la Política del Cercano Oriente, en ausencia de cualquier inversión adicional, Libia podría suministrar alrededor de 1.3 millones de barriles de petróleo por día para el mercado global. Las tierras libias contienen importantes cuencas petroleras, campos y puertos que ingresaron aproximadamente 22.5 mil millones de dólares en el año 2019 para un país de no más de seis millones de habitantes.

Hechos puntuales sobre el petróleo libio

La Corporación Nacional del Petróleo (NOC) reveló que los ingresos petroleros durante 2019 ascendieron a 22.495 millones de dólares.

Los esfuerzos de la NOC contribuyeron a aumentar las tasas de producción durante el año 2019, para alcanzar el millón de barriles por día.

El tamaño del presupuesto general, o lo que se conoce como arreglos financieros en Libia para el año 2019, ascendió a 46.8 mil millones de dinares, equivalentes a 33.6 mil millones de dólares, en base a una estimación de la producción de petróleo de 1.2 millones de barriles por día, a un precio promedio de 60 dólares por barril, calculándose que los ingresos incluyen petróleo por valor de 18.9 mil millones de dólares.

La NOC[15] desarrolló una estrategia para aumentar las tasas de producción en 2020 de 1.25 millones de barriles por día a 1.5 millones de barriles, al tiempo que incentivó la producción de petróleo a 2.1 millones de barriles por día e incrementó la de gas a 3.5 mil millones de pies cúbicos estándar por día para 2024. La NOC prevé, a largo plazo, aumentar la producción a 2.1 millones de barriles de petróleo por día, y 3.5 mil millones de pies cúbicos estándar de gas por día para 2024, a un costo estimado de 60 mil millones de dólares, incluidos 15 mil millones dólares en presupuestos gubernamentales y el resto de los inversores.

La NOC recibió apoyo financiero a través del gobierno libio de Trípoli, reconocido internacionalmente, al asignar 1.500 millones de dinares, equivalentes a 1.100 millones de dólares, para mantener las tasas de producción actuales y ampliar la capacidad productiva del sector de petróleo y gas.

Las exportaciones de petróleo crudo representan más del 90% de las exportaciones totales de la economía libia, mientras que los ingresos del petróleo contribuyen a la inyección financiera del país en un 95%.

La Corporación Nacional del Petróleo en Trípoli es reconocida a nivel internacional, de conformidad con la Resolución del Consejo de Seguridad Nº 2362, y tiene el mandato de monitorear las operaciones de producción y exportación para garantizar su adecuación a las normas y controles establecidos, además del seguimiento e inspección en los procesos de medición de la producción de petróleo, gas y otros productos derivados del petróleo, así como baremar las cantidades exportadas al extranjero.

---

[15] National Oil Corporation = Corporación Nacional de Petróleo.

La NOC, como el único cuerpo legal respaldado por las Naciones Unidas, tiene derecho a operar, producir y exportar petróleo, por lo que la capital tiene una gran importancia política para quien controla ese edificio que se encuentra en su corazón.

Lo que no sabes sobre el oro negro de Libia

Libia es el segundo productor de petróleo en África con 1,6 millones de barriles por día y alberga unas reservas de petróleo de alta calidad estimadas en más de 48 mil millones de barriles. Libia ocupa el quinto lugar en el mundo árabe con sus reservas de petróleo.

El campo petrolero de Al-Sharara es administrado por Akakus, una compañía mixta entre la Corporación Nacional de Petróleo de Libia y las filiales petroleras capitaneadas por la empresa española Repsol, con participación de la francesa Total y la austriaca OMV.

Libia posee abundantes riquezas de hidrocarburos que aún no se han invertido, además de su proximidad a los mercados mundiales de petróleo y gas, lo que le permite atraer cuantiosos capitales extranjeros y experiencia.

Libia es un estado miembro de la OPEP, con un volumen de producción diario de casi un millón de barriles, según las cifras de la organización para diciembre de 2017.

La producción de petróleo en Libia, miembro de la Organización de Países Exportadores de Petróleo, ha estado en crisis desde que el líder libio Gadafi fue derrocado en 2011.

Las ventas de petróleo son la única fuente confiable de ingresos de dólares en Libia, que generó $ 22.5 mil millones en 2019 para un país de no más de seis millones de personas.

V. Historia del petróleo en Libia

Después de la independencia y el descubrimiento del petróleo, Libia ha concedido mucha importancia al sector industrial, lo cual se ha manifestado a través de la construcción de modernas fábricas y de la formación de generaciones de técnicos, desarrollando así la posibilidad de progreso de todo el país, que ha vivido durante 400 años aferrado a una economía agropecuaria.

De esta manera, Libia afrontó el desafío que representa la construcción de un estado moderno. La entrada de Libia en la etapa de la industrialización significó un duro examen para su capacidad de auto-gestión después de la independencia.

La estrategia de modernizarse se concentró, fundamentalmente, en la creación de una economía productiva, libre de cualquier dependencia o injerencia extranjera, basada en la diversificación de las fuentes de ingresos, potenciando y estimulando la producción agrícola junto con la nueva industrialización energética y las antiguas industrias ganadera, pesquera y artesanal, además de fomentar y modernizar el sector servicios.

Todo ello sumado al gran desarrollo que se inició en la educación básica y superior, la formación profesional y la sanidad[16].

Libia se caracteriza por disponer de muchos recursos minerales, entre los que destacan el petróleo y el gas natural. También cuenta con varios tipos de rocas ricas en minerales, las más abundantes son las que contienen hierro.

Los estudios magnéticos sobre el terreno estimaron la existencia de grandes reservas de rocas con un alto porcentaje de óxido de hierro.

---

[16] Para más información, véase: Ministerio de Información. *Marcha del Hombre en la República Árabe de Libia*. 1976.

Los minerales de metales no resistentes, también llamados rocas industriales, se obtienen asimismo en grandes cantidades.

Es el caso de las rocas alcalinas, las rocas escambrosas, las arenas de sílice o la piedra caliza, que se utilizan en conjunto para la producción de materiales industriales, especialmente materias primas para la fabricación de cemento, cal, vidrio, fosfato, azufre, barro y sales (al-Gadāmsī, 1998, pp. 22-32).

También explota el yeso, el hierro, la caliza, la sal marina y el potasio[17].

Los ingresos del Estado libio provenientes del petróleo crecieron veinte veces en siete años: de 40 millones de dólares en 1962 se pasó a aproximadamente 800 millones en 1968 y 900 millones en 1969.

En 1960, el valor total de las exportaciones libias era de 11 millones de dólares, que se obtenían principalmente de la alfalfa, las esponjas, el aceite de oliva y las semillas de ricino. En siete años, estos números aumentaron hasta llegar a los 1.168 millones, de los que el 99% procedía de la exportación de petróleo (García, 1999, pp. 50-65).

Por consiguiente, Libia pasó de ser una nación con un gran déficit de capital a un Estado con gran superávit de capital nacional, de ser un país receptor de ayuda a un estado que presta ayuda.

Los activos en divisas del Banco de Libia se multiplicaron por siete, al aumentar de 53 millones de dólares en 1958 a 348 en 1965.

Cuando se inició la exploración del petróleo en 1955, pocos creían que un país desértico y pobre podría convertirse en uno de los mayores exportadores mundiales de crudo y generaría altos ingresos per cápita, equiparables a los de los países desarrollados.

---

[17] Ver Tele Sur: **http://videos.telesurtv.net/video/46704/importantes-recursos-naturales-en-libia (f. acceso 22/08/2011).**

En 1955, se publicó la Ley del Petróleo, que otorgaba a estas empresas el derecho de firmar contratos de concesión para la exploración de petróleo en grandes extensiones del territorio (Maḥfūẓ, 2012, p. 5).

Ragaei El Mallakh (1969) explica que:

> En Libia, el producto nacional bruto per cápita aumentó de aproximadamente $ 40 a principios de la década de 1950 a $ 1,018 en 1967. En 1966, aproximadamente el 60% del producto interno bruto provenía del sector petrolero. El petróleo también representó el 75% de la formación bruta de capital privado. Con la excepción de la construcción, los principales sectores de la economía, particularmente la agricultura, no han seguido el ritmo del petróleo (p. 308).

Resulta evidente que el petróleo ha sido el elemento esencial que ha motivado el cambio en la vida de los libios, siendo el marco de las representaciones sociales dominantes del país, así como el elemento estructural clave que permite explicar el desarrollo social e histórico de la sociedad libia actual desde las últimas décadas. El auge económico del período 1964-1971 entró en una nueva fase debido a los enormes descubrimientos de petróleo que dieron lugar a un aumento del crecimiento real medido por el ingreso real del producto nacional. En el siglo XX, el petróleo ha sido el elemento trascendental en la construcción de la identidad libia, que afectó a la estructuración y los hábitos cotidianos de su sociedad causando un notable impacto totalmente visible.

La actividad petrolera ha permitido esta transformación radical de la realidad libia, posibilitando modificar sus tradicionales parámetros económicos y buena parte de sus prácticas sociales y culturales[18].

---

[18] Véanse también los informes de la Secretaría libia de planificación. *al-Ŷamāhīrya al-'arabiyya al-lībya*. 1997. *A'mānat al-laŷna al-ša'bya al-'āma li-l-tajṭīṭ al-iŷtimā'y wa-l-iqtiṣādī*. 1962-1996.

Para explicar estos cambios sociales se parte de la premisa de llevar a cabo un rápido resumen de la indispensable referencia al desarrollo histórico, en el cual lo económico se discute por su interrelación causal con lo socio-político. Se puede establecer un antes y un después referido al descubrimiento del petróleo, y en estas dos etapas es fácil identificar el cambio que modificó buena parte de los hábitos y usos de los habitantes, transformándolos económica y culturalmente en casi todo el territorio libio.

Con el comienzo de la exportación y venta de petróleo, los cambios positivos comenzaron a notarse en la población. Durante la última década de la monarquía, el influjo del petróleo en el PIB del país pasó del 27 al 65%. El ingreso per cápita aumentó durante el período 1961-1969 de 47,9 dinares libios hasta alcanzar en 1969 los 260,6 dinares libios. En 1969 cayó el régimen monárquico y se instauró la república, que comenzó a nacionalizar las petroleras extranjeras.

En 1970 la renta per cápita ascendió a 642 dinares, en 1971 se culminaron los cambios positivos con las fuertes subidas de los precios del petróleo, en 1979 el PIB per cápita llegó a 3.350 dinares. La principal razón del aumento del ingreso per cápita fue el incremento del ingreso nacional. En 1985 bajó hasta 2.195 dinares (al-Gadāmsī, 1998, pp. 123-142).

En cuanto a la mano de obra nacional en el ámbito de las industrias del petróleo, esta aumentó de 11.000 obreros y técnicos en todas sus disciplinas en 1962 a alrededor de 37.000 en 1988 (Kurfāʿ, 2000, pp. 214-215).

Lo anterior provocó un aumento de los trabajadores nacionales, el 84% de los cuales estaban empleados en el ámbito de las industrias del petróleo (al-Gadāmsī, 1998, pp. 259).

Los primeros indicios de la existencia de petróleo en Libia

En cuanto a los primeros indicios de la existencia de petróleo en Libia, la historia señala que las primigenias prospecciones para encontrar petróleo datan de 1914, durante la ocupación italiana del país.

El primer descubridor de petróleo fue el geólogo y explorador italiano Ardito Desio en 1938 (Otman, 2008, p. 20).

Desio, después de graduarse en la Universidad de Milán, llegó a Libia en los años treinta, durante la ocupación italiana, y, como geólogo, dirigió la primera expedición que alcanzó las montañas Tībīstī y alzó un mapa geológico de Libia. Supervisó las excavaciones de pozos de agua subterránea a gran profundidad en el este de Muṣrātah, y fue precisamente durante el transcurso de estas excavaciones cuando constataron que la perforadora estaba manchada por un líquido negro, volvieron a introducir la máquina y pudieron comprobar que el líquido era, en efecto, petróleo.

Ardito llenó dos botellas con el petróleo descubierto, una la llevó a Italia y la otra la dejó en Libia, nadie sabe qué fue de la segunda botella[19].

Aunque Italia tenía otras prioridades expansionistas en ese momento y carecía de fondos y equipo técnico capacitado para buscar petróleo en Libia, no se puede obviar que Ardito Desio fue el geólogo que abrió la puerta de la ruta petrolera del país.

Aldo Piombino[20], en su artículo "Il petrolio in Libia, l'Italia e un grande geologo italiano: Ardito Desio", publicado el 25/02/2011, señala que:

> En conclusión, no es del todo cierto que Italia simplemente haya descuidado el petróleo libio: prioridades expansivas, falta de fondos, equipo técnico y tecnologías de investigación y perforación geofísicas para investigaciones de más de 3000 metros de profundidad.

---

[19] Para más información, véase: Mauro Annese. 2011. *Le avventure di un geologo del petrolio in Libia.*
http://aldopiombino.blogspot.com.es/2011/03/le-avventure-di-un-geologo-del-petrolio.html

En manos de británicos y estadounidenses, y no menos importante, el estallido de dos guerras mundiales, son factores mitigantes importantes. Ardito Desio siempre será recordado como el geólogo que abrió el camino libio al petróleo.

El geólogo italiano Ardito Desio descubrió petróleo mientras intentaba localizar agua para la agricultura, como afirmaba Lorenzo Cerimele21, que en su artículo *Libia e petrolio nella storia d'Italia: un breve excursus*, publicado el 18/02/2015, decía que:

> De hecho, la investigación de Desio tenía como objetivo principal identificar los acuíferos que son esenciales para lograr, especialmente en la provincia de Misurata, los proyectos de colonización y transformación agraria de ese territorio semidesértico. Pero el petróleo era una realidad que Desio no podía ignorar. En 1936 —lee el sitio de la fundación que lleva el nombre del geólogo— "descubrió un depósito de magnesio y potasio y la existencia de hidrocarburos en el subsuelo desde donde se extrajeron los primeros litros de petróleo en 1938". 1938 fue el año cero para la extracción italiana del petróleo en Libia.

A raíz de este hallazgo, el Gobierno italiano autorizó a Agip para que explorara la cuenca de Sirte, pero la búsqueda de petróleo se interrumpió a consecuencia de las hostilidades durante la Segunda Guerra Mundial, que obligaron a la compañía italiana a abandonar sus actividades.

---

[20] *Il petrolio in Libia, l'Italia e un grande geologo italiano*. Ardito Desio. Publicado por Aldo Piombino, 25/02/ 2011. **http://aldopiombino.blogspot.com.es/2011/02/il-petrolio-in-libia-litalia-e-un.html**
[21] Lorenzo Cerimele. (*Libia e petrolio nella storia d'Italia: un breve excursus.*) Articulo publicado por Aldo Piombino, 18/02/2015. **http://www.europinione.it/libia-e-petrolio-nella-storia-ditalia-da-ardito-desio/**

Por su parte, Maḥmūd ʿAlī al-Gadāmsī (1998) escribe lo siguiente:

> En 1914, aparecieron en el país los primeros signos de la presencia de petróleo, en una excavación de pozos de agua a 160 metros de profundidad en Trípoli. El segundo pozo fue encontrado en Zlītin en 1929 y tenía una profundidad de 130 metros. En 1937, la presencia de petróleo se detecta en trabajos de la empresa italiana Agip, en la región de Tāŷūrāʾ, en Trípoli, a una profundidad de 259 metros.
>
> Agip recibió el encargo oficial del Gobierno italiano en 1938 para llevar a cabo la investigación y la exploración de petróleo en Libia. En 1939 el número de pozos perforados eran ya seis (p. 38).

También Waniss A. Otman (2008) explica que:

> Libia, como nación independiente, solo existe desde 1951, y los eventos que llevaron a su eventual composición geográfica y constitucional han sido razonablemente bien documentados [...] Debido a que se habían descubierto muestras de petróleo durante la perforación de agua en el período colonial italiano, muchos geólogos incluyendo al italiano Ardito Desio, creían que el país poseía importantes recursos de hidrocarburos, identificando correctamente la cuenca de Sirte como un área favorable para la acumulación de hidrocarburos (p. 20).

El primer descubrimiento comercial de petróleo en Libia se produjo en el campo petrolífero de Zulṭun, realizado en 1959 en la Cuenca de Sirte, con una tasa de producción de 17.500 barriles por día.

Los primeros yacimientos de petróleo con fines comerciales correspondieron a los campos petrolíferos de Amāl y Zulṭun en el mismo año. Desde la independencia de Libia, el Gobierno comenzó a trabajar en la verificación de los indicadores de la existencia de petróleo en cantidades comerciales, que, en aquel momento, existían en su territorio. En este sentido, se firmaron acuerdos con algunas compañías petroleras internacionales para realizar estudios geológicos con el objeto de perforar en diversas partes del país en busca de petróleo (Gānim, 1985, p. 115). La eliminación de las minas antipersona fue una de las tareas más importantes para comenzar la exploración y producción del petróleo en Libia, sobre todo antes de 1961. Sin embargo, muchos empleados perdieron la vida mientras trabajaban en los campos del extenso desierto libio.

A este particular, Šukrī Gānim (1985) señala que:

> Y excepto las operaciones de eliminación de minas antipersona, que comenzaron a declinar como resultado de eliminar muchas de las minas y allanar el camino para realizar otras operaciones del negocio de la minería, la actividad petrolera aumentó vigorosamente ya que el número de grupos de eliminación de minas fue de 312 equipos en 1961, después de que en 1960 fueran 511. A partir de 1961 comenzaron a descender: 202 equipos en 1962, 168 equipos en 1963, 75 equipos en 1964 y solo 8 equipos en 1965 (p. 175).

Producción del petróleo

La prospección del petróleo no comenzó hasta que en Libia se obtuvo la independencia, especialmente después de la crisis del canal de Suez acaecida en 1956, que fue el foco de atención de las compañías petroleras occidentales, que estaban ansiosas por descubrir petróleo al oeste del canal.

En 1960 diversas petroleras operaban en el país en las 95 concesiones de exploración de petróleo que cubrían el 65 por ciento de las superficies sujetas a investigación (Gānim, 1985, pp. 105-107).

Con todo, la verdadera historia de la producción del petróleo libio comenzó en 1959, cuando la compañía Esso descubrió un pozo cuya producción ascendió ese año a cerca de 17.500 barriles/día. En esta carrera petrolífera, Libia aumentó sus exportaciones de petróleo de 14.400 barriles por día en 1961 a 3,312,900 barriles diarios a finales de la década de los sesenta.

La llegada al poder del coronel Gadafi fue acompañada de cambios radicales en la estructura y la política del sector petrolero, gracias a los cuales Libia pudo detener las tarifas fijadas por el patrón de los países de la OPEP a lo largo de los años sesenta y comenzó a exigir una participación no inferior al 51 por ciento de todas las concesiones y su producción (Ministerio de Información y Asuntos Culturales: Marcha del hombre, 1976, pp. 135-139).

La producción de petróleo está protegida por la Ley del Petróleo de 1955, que establece la propiedad pública de las reservas petrolíferas y regula el trabajo de las compañías extractoras sobre el terreno, de acuerdo con los privilegios que le otorga el Estado para explorar la superficie de determinadas áreas del país. Si la empresa logra descubrir petróleo, tiene derecho a obtener un porcentaje de la producción a cambio de un impuesto que debe pagar al Estado. Este entra como segundo participante en la inversión durante la fase preparatoria para la producción del petróleo hallado, que se realiza a través de la Compañía Nacional del Petróleo.

Este sistema se conoce en la industria mundial del petróleo como Acuerdo de Producción Compartida (Production Sharing Agreement, PSA), para diferenciarlo del sistema de Acuerdo de Reparto de Ingresos (Revenue Sharing Agreement, RSA).

En teoría, los acuerdos de producción compartida no deben ser un fin en sí mismos, sino que son un procedimiento por fases diseñado para superar la brecha existente por la incapacidad del Estado, debido a su falta de tecnología, para realizar los procesos de producción, que no están al alcance de los equipos locales. Pero en la práctica, esta etapa se extiende durante períodos de tiempo más largos, como resultado del monopolio del sector energético por parte del Estado.

Es conveniente referirse aquí a la obsoleta estructura que posee la industria del petróleo libio, si se compara con los grandes avances producidos en la industria mundial del petróleo en cuanto a competitividad, tecnología y procedimientos (Gānim, 1985, pp. 277-288).

El desarrollo de la industria del petróleo estableció las condiciones adecuadas para la reestructuración de las actividades económicas y los patrones de asentamiento que se concentraron en las grandes ciudades, sobre todo en Trípoli y Bengasi, lo que incentivó la demanda pública para establecerse en las ciudades, debido al aumento en el número de empleos en el Gobierno, además del clima y las ventajas naturales de las zonas costeras.

Waniss A. Otman (2008) explica que:

> El primer descubrimiento de petróleo comercial libio, se realizó en 1959 en la Cuenca de Sirte en el campo Zelten, a una tasa de producción de 17.500 b/d. Para 1970, el país se había convertido en el cuarto mayor productor de la OPEP, con un 7,5% de la producción mundial y una producción máxima de 3,3 m b/d. Para el año 2005 esto había caído a alrededor de 1.6 m b/d. (p.11)

Después de los primeros descubrimientos de los años 60, los principales actores concentraron sus esfuerzos en la cuenca de Sirte, donde se habían realizado los descubrimientos más substanciosos. A partir de entonces y hasta 1980, el potencial de las restantes cuencas sedimentarias en tierra, tales como Murzuq y Gadāmis, y en el mar, como la plataforma el-Būrī desarrollada por Agip, no fue considerado importante hasta 1990 (Otman, 2008, p. 12).

Llegados a este punto, hay que decir que la alta calidad del petróleo libio es debida a su ligera densidad, su escaso nivel de sulfuro y su bajo coste de extracción sumada a la localización geográfica del país, que facilita su suministro a los principales mercados europeos. Todo esto rebatió el anterior escepticismo y demostró que siempre habría un mercado para el petróleo libio.

Eric Laurent (2009) sostiene que:

> El petróleo libio les dio la ocasión de rivalizar con sus propias redes comerciales con las «siete hermanas». Poco costoso de producir, el petróleo libio es de gran calidad, con poca carga de azufre y cercano a los mercados europeos. […] El viejo rey Idriss de Libia había declarado: «Abro las puertas de mi reino a todos con el fin de que las grandes compañías no estén en disposición de dominar este país tal y como lo han hecho desde hace tiempo en la región del Golfo».
>
> Pero Idriss detestaba el petróleo, y casi todas las mañanas, paseando por la playa en compañía de su joven esposa, se quedaba mirando consternado la arena ennegrecida por el líquido derramado de los petroleros que cargaban unos kilómetros más al norte, en el puerto de Tobruk (p. 114).

Cuando la industria del petróleo se encontraba bajo el control de un monopolio mundial por parte de las grandes empresas energéticas, el petróleo comenzó a brotar del subsuelo libio a finales de los años cincuenta. Las petroleras que tenían este monopolio eran Esso, Shell, BP, Mobil, Chevron, Gulf Oil y Texaco. Estas siete petroleras se conocían con el nombre de las "Siete Hermanas" (Gānim, 1985, p. 73).

La industria del petróleo como tal se ha definido como una industria de entrada y salida difícil. Por eso, inicialmente, solo algunas compañías tenían la fuerza financiera y la suficiente resistencia para llegar a ser dominantes internacionalmente.

Estas empresas hegemónicas fueron siete y han sido llamadas las grandes o las "Siete Hermanas".

La gran batalla de los países exportadores de petróleo fue deshacerse de este monopolio mundial de las naciones poderosas y sus grandes empresas petrolíferas.

Más tarde, las naciones que exportaban petróleo se unieron en la Organización de Países Exportadores de Petróleo (OPEP) para ganar la batalla de los precios y demostrar su autoridad. Por esa razón se creó la OPEP en 1960, y Libia se convirtió en una nación exportadora de petróleo uniéndose a ella en 1962.

A finales de la década de los sesenta, Libia se había convertido en el cuarto productor de los países de la OPEP.

Después del fenomenal crecimiento registrado entre 1961 y 1970, la producción de petróleo libio entró en un período de dramática caída descendiendo la producción de 3,32 millones barriles diarios en 1970 a 1,14 millones de b/d en 1981 (-66%) (Otman, 2008, pp. 16-21).

Producción del gas en Libia

La producción de gas libio se inició de manera paralela a la obtención de petróleo. La producción de gas en 1970 era de unos 20.490 millones de metros cúbicos, de estos solo se utilizaban 3.690 millones y el resto, en torno a 16,800 millones, se quemaba mientras se producía el petróleo. Así pues, la cantidad del gas perdido era muy alta, alcanzando el 82%. En 1971 el gobierno comenzó a controlar la producción de gas y la cantidad de gas perdido descendió al 62,4%. Con el control de la producción y la construcción de varias plantas de licuefacción de gas, Libia consiguió bajar la cantidad de gas perdido a solo el 5,4%. La razón principal de la disminución de la producción del gas fue la estrategia de conservación de los recursos naturales del país (al-Gadāmsī, 1998, pp. 191-192).

En 1971, Libia se convirtió en el segundo país de África en exportación de gas natural licuado (GNL), después de Argelia (A.S.B. 2005)[22].

La industria del gas libio puede asemejarse a un gigante dormido, porque desde los años sesenta Libia sabía que bajo sus tierras se conservan grandes recursos de gas natural sin explotar. La mayor parte del gas extraído se quemaba y se perdía en el aire, de hecho el país solo comenzó a exportar gas, en pequeñas cantidades, en 1970, llegando a exportar unos 3.690 millones de metros cúbicos.

A finales del año 1971, el país se convirtió en exportador de gas cuando se puso en funcionamiento en Marsa El Brega una planta de licuefacción.

---

[22] 2005 edition of the OPEC Annual Statistical Bulletin (ASB).

El gas ya no se perdía y las exportaciones crecieron de forma exponencial. En 1977 las exportaciones alcanzaron sus máximos históricos. En 1980, el gobierno de Gadafi nacionalizó las instalaciones de Esso (actualmente ExxonMobil) y aumentó los precios.

La planta libia de Gas Natural Licuado (GNL) en Marsa El Brega fue construida a finales de 1960 por la petrolera norteamericana Esso, con una capacidad de 124 millones de pies cúbicos de gas por año. Las exportaciones de gas libio se destinan a los principales mercados de España, Italia, Suiza y Francia (Gānim, 1985, pp. 185-186).

Evolución de la producción y las reservas probadas

Si bien en 1961 comenzó la explotación y producción comercial del petróleo y Libia entró, un año después, en la Organización de Países Exportadores de Petróleo (OPEP), no fue hasta 1967, después de la guerra de los Seis Días, cuando el petróleo libio adquirió una importancia estratégica.

En 1968 el gobierno de Libia estableció una empresa nacional llamada Libyan Petroleum General Company, el propósito de la cual era el desarrollo de la explotación de petróleo en el país con el derecho de actuar por sí sola o en combinación con cualquier otra compañía.

En 1969 esta compañía firmó numerosos acuerdos de explotación de petróleo en Libia, incluido el establecido con la empresa francesa AIRAB y la empresa italiana Eni, además de dos acuerdos rubricados con empresas norteamericanas.

El Gobierno de Libia recapacitó sobre el riesgo de agotar las reservas[23] de petróleo debido a la intensa competencia entre las petroleras para aumentar su producción y el consiguiente y rápido agotamiento de la riqueza del crudo almacenado, por lo tanto, el Estado planteó una nueva política destinada a mantener los ingresos del petróleo o el aumento de su cuota con una reducción, al mismo tiempo, de las tasas de producción. Para lograr este objetivo, el Gobierno decidió exigir a las empresas elevar el precio del petróleo libio.

En julio de 1970 nacionalizó las empresas distribuidoras de los productos petrolíferos en el país, logrando así varios objetivos nacionales de importancia, que proporcionaron un beneficio anual de alrededor de seis millones de dólares, además de asegurar el suministro de los productos derivados del petróleo para el consumo nacional y el establecimiento de la industria de la refinación de petróleo en el país, para cumplir con el consumo propio y también para la exportación al extranjero de los excedentes, ya que las distribuidoras extranjeras no estaban interesadas en la producción de derivados del petróleo, necesarios para el propio consumo del país, los cuales eran importados (al-Gadāmsī, 1998, pp. 37-56).

Reservas de petróleo y gas libios

En la economía del petróleo, una de las cuestiones más polémicas es la determinación de las reservas de crudo. Esto se debe a que la estimación de las cifras de reservas no se basa en constantes, sino que fluctúan debido a diversos factores, entre los que se encuentran la información geológica actualizada, la renovada tecnología de producción, el desarrollo de la perforación, el buen estado de los yacimientos, los nuevos descubrimientos e incluso los factores políticos del país.

---

[23] El grado de imprecisión para calcular las reservas, conduce a clasificarlas básicamente en reservas posibles, reservas probables y reservas probadas. Detallaremos la mencionada clasificación en las páginas siguientes.

Por lo que respecta al petróleo y al gas natural, las reservas libias de crudo han fluctuado desde 1961 hasta 1985 y mucho después. Las reservas comenzaron con la cifra de 3 mil millones en 1961, pasaron por los 10 mil millones en 1965 y luego llegaron masivamente a los 35 mil millones en 1969.

Estos incrementos sustanciales en las cifras de reservas estaban vinculados a los aumentos masivos de la producción de crudo que partían de 6,643 millones de barriles en 1961 a 444,860 millones en 1965 y, posteriormente, aumentaron hasta aproximadamente 1211,070 millones en 1970 (Otman, 2008, p. 102).

La ironía de la historia de Libia como productor de petróleo demuestra que si el coronel Gadafi no hubiera llegado al poder, el país, probablemente, hubiera extraído la mayor parte de su petróleo en la época en la que la energía era barata, como sucedió en la mayor parte de Europa.

Al verse obligada a limitar su producción durante décadas, Libia llegó al siglo XXI con grandes reservas de petróleo guardadas y preparadas para ser extraídas, lo que augura una época dorada para el país.

En 1980, y a pesar de sus grandes reservas estimadas, Libia aumentó las cantidades confirmadas ascendiendo las reservas probadas a 20,3 mil millones de barriles, según el informe estadístico de energía mundial (Statistical Review of World Energy 2013) de British Petroleum (BP).

Los recursos petrolíferos libios representan el 38% de las reservas totales probadas en África y el 2,9% de las reservas probadas del mundo. Por su parte, las reservas de gas libio son enormes pues solo las probadas en 1985 fueron de 22,24 billones de pies cúbicos.

La mayoría de las reservas de gas libio fueron descubiertas antes de 1970, pero a partir de 1985 la cifra fue duplicada (Otman, 2008, pp. 214-217).

Huelga decir que los países productores de petróleo podrían agotar sus reservas por el exceso de producción o aumentarlas por los posibles descubrimientos de nuevas reservas.

También pueden cambiar las cifras de sus reservas al adoptar nuevas definiciones y criterios de cálculo diseñados por los organismos energéticos como el World Petroleum Congress (WPC), la Society of Petroleum Engineers (SPE) y otros.

El propósito del cómputo de las reservas de hidrocarburos es la determinación de la cantidad, calidad y factibilidad de su explotación comercial.

El cálculo de reservas es una operación que se efectúa en todas las etapas de la vida de un yacimiento desde su descubrimiento.

Las reservas son aquellas cantidades de petróleo que, previamente, se consideran comercialmente recuperables de un yacimiento conocido en una fecha definida.

Todos los valores de reservas involucran un grado de incertidumbre, el cual depende esencialmente de la cantidad de información disponible de geología e ingeniería.

El grado relativo de imprecisión conduce a clasificar básicamente las reservas en: reservas probadas[24], reservas probables[25] y reservas posibles[26].

Sobre el problema de las reservas, Waniss A. Otman (2008) señala:

---

[24] Las reservas probadas son el volumen de hidrocarburos contenido y constatado en yacimientos, mediante pruebas de producción, que, según la información geológica y de ingeniería, puedan ser producidos comercialmente.

[25] Las reservas probables son aquellos volúmenes contenidos en áreas donde la información geológica y de ingeniería indica un grado menor de certeza comparado con el de las reservas probadas.

[26] Las reservas posibles son aquellos volúmenes contenidos en áreas donde la información geológica y de ingeniería indica un grado menor de certeza comparado con el de las reservas probables. También las que aparecen en registros y en análisis de núcleos, pero no pueden ser productivas a tasas comerciales.

En economía del petróleo, uno de los temas más polémicos es la determinación de las reservas de petróleo. Esto se debe a que la estimación de las cifras de reserva no se basa en constantes, sino que fluctúa en línea con muchos factores, entre ellos, el conocimiento geológico actualizado, la tecnología de producción mejorada, la perforación de desarrollo, el modelado de yacimientos de última generación, los nuevos descubrimientos e incluso los factores políticos (p 102).

Los efectos del petróleo en la economía libia

Entre los principales logros del gran impacto que supuso la riqueza petrolera en Libia, hemos de citar los cuantiosos ingresos financieros que se consiguieron a través de la exportación de productos derivados del petróleo de las industrias petroquímicas, como etileno, metanol y urea.

Todo ello fue posible a pesar de que la industria petroquímica en Libia era nueva y experimental, y tenía algunas dificultades en la producción y la comercialización por ser un país en vías de desarrollo que carecía de experiencia técnica y conocimientos suficientes en este sector (al-Gadāmsī, 1998, p. 258).

Los efectos dominantes del petróleo son evidentes en todo el mundo y para ilustrarnos un poco más sobre este tema, podemos señalar el artículo de Luis Oliveros titulado *Citas petroleras*[27], **en el cual afirma que el escritor y político Henry Bérenger dijo: «Quien sea dueño del petróleo será dueño del mundo». El magnate norteamericano y fundador de la Standard Oil Company, John D. Rockefeller, afirmó que: «El negocio más rentable del mundo es administrar bien una empresa petrolera y el segundo negocio más rentable es una empresa petrolera mal administrada». El político y diplomático venezolano Juan Pablo Pérez Alfonzo definió el petróleo con el nombre de el «excremento del diablo»** (Luis Oliveros, 09/2011).

---

[27] Luis Oliveros: **http://www.eluniversal.com/2011/09/26/citas-petroleras.shtml**, "Citas petroleras", publicado por *El Universal*, 26/09/2011.

Como se ha explicado antes, Libia era muy pobre antes de que se descubriera petróleo y fue a partir de su hallazgo y su comercialización cuando el país comenzó a desarrollarse de manera vertiginosa.

Maḥmūd ʿAlī al-Gadāmsī (1998) indica que:

> El mayor ingreso per cápita alcanzado fue durante el período 1970-1988, llegándose a los 3.350 dinares en 1979, mientras que en 1970 no pasaba de los 642 dinares, por lo que el aumento fue de 2.708 dinares. Posteriormente, la cifra comenzó a disminuir hasta alcanzar un mínimo de 1.550 dinares en 1988. Este descenso se debió a la bajada del precio del petróleo en alrededor de 15.78 dólares por barril (p. 130).

La exploración y perforación de petróleo jugaron un papel muy importante en el arranque del crecimiento del país, que comenzó a exportarlo comercialmente en 1961. Durante los años setenta, los beneficios del petróleo libio llegaron a unos niveles sin precedentes, que marcaron el verdadero inicio de la era petrolera del país. Debido a que el petróleo libio es uno de los mejores crudos gracias a su excelente densidad específica, rápidamente obtuvo una gran importancia en los mercados mundiales, lo que provocó que su precio fuera más alto que el de otros países productores (al-Gadāmsī, 1998, pp. 123-131 y 258).

Sobre este particular, Maḥmūd ʿAlī al-Gadāmsī (1998) sostiene que:

> La economía libia, antes del descubrimiento del petróleo en la década de los años cincuenta, se caracterizaba por su extrema impotencia y su gran colapso, debido a la enorme pobreza y al colosal atraso económico, el cual se reflejaba en los aspectos políticos y sociales del país.

Así, Libia no consiguió librarse del atraso y el déficit comercial hasta después de comenzar la exportación de petróleo a principios de los años sesenta, cuando pasó de ser un país que sufría un gran déficit en su balanza comercial a convertirse en otro con un excedente de su renta nacional (p. 122).

En referencia a la economía después del descubrimiento del petróleo, podemos señalar que una de las manifestaciones del auge financiero fue la creación de crecientes oportunidades de trabajo para los libios. De este modo, el fantasma del desempleo comenzó a desvanecerse y los salarios a subir. Tal vez haya que señalar que estas oportunidades de trabajo surgidas al calor del auge económico causado por el petróleo, se vieron acompañadas de un aumento de la demanda de servicios auxiliares para la industria, como la construcción, el transporte, el almacenamiento o el comercio (Ġānim 1985:144).

El período comprendido entre 1965-1970 asistió a un despegue económico jamás visto en el país como resultado del aumento de la producción de petróleo, del ingreso nacional per cápita, del gasto público y privado, del superávit comercial y de la oferta monetaria. Pero los precios también subieron y, así, comenzaron los desequilibrios en la distribución de la riqueza, lo que provocó la aparición de una élite de ricos del petróleo, que fueron capaces de amasar grandes fortunas en cortos períodos de tiempo. En 1970, Libia llegó a producir 3,3 mb/d, es decir, su producción supone el 3,34% de la producción mundial (41.464 billones de barriles), el 35% de las reservas africanas y el 18% de la producción africana[28].

También produce 536,56 billones cúbicos de gas, lo que equivale al 10% de las reservas africanas y el 8% de la producción de todo el continente.

---

[28] Para más información véase: Crude Oil Peak: **http://crudeoilpeak.info/quick-primer-on-libyan-oil**

Sus principales zonas productivas de petróleo son Sirte, con 600.000 kilómetros cuadrados; Gadāmis con 350.000; y Murzūk con 320.000. Hay tres etapas en las operaciones petroleras: exploración, desarrollo y producción[29].

A priori, la riqueza del país está asegurada a causa de sus recursos naturales. Los fructíferos yacimientos petroleros han hecho de Libia el país más rico de África y estos importantes ingresos procedentes del sector energético, unidos a su pequeña población, han contribuido a que tenga uno de los mayores PIB per cápita de África[30] (Gānim, 1985, pp. 200-201).

Eric Laurent (2009), en relación con la política petrolera de Libia durante la época de Gadafi, señala que:

> Gadafi da un golpe de Estado en la noche del 1 de septiembre de 1969. En realidad, el poder de Idriss se desvanece literalmente. […] Durante una entrevista que le hice en el cuartel donde vivía y trabajaba, ‹el guía de la revolución› me contó cómo su mano derecha, Abdessalam Jalloud, le había ayudado a cambiar su estrategia: «Si atacamos de frente a todas las compañías, será un fracaso —me dijo—. Ellas tienen los medios para no depender del crudo libio durante muchos meses. Nacionalizarlas no nos servirá de nada: tendremos que hacernos cargo de edificios vacíos y de pozos inutilizables, cuando lo que nosotros queremos es su dinero. Elijamos una sola compañía, forcémosla a firmar un nuevo contrato, aumentemos el precio del barril, nada de 50 céntimos, y ese será nuestro triunfo. Todas las demás harán lo mismo». […] Gadafi añadió:

---

[29] Véase: ENERGYFILES: **www.energyfiles.com/afrme/libya.html**
[30] Véase: Fondo Monetario Internacional (FMI) / **http://www.imf.org/external/**

«Pero, sobre todo, formo parte de una generación que ha abierto los ojos a la política gracias a Nasser, que decía que el petróleo era un arma que el mundo árabe debía utilizar contra occidente». [...] Rápidamente, los obstáculos van cayendo y, a finales del mes de octubre de 1970, todas las compañías que trabajan en Libia se han contagiado de las concesiones de Occidental, lo que constituye el mayor vuelco jamás ocurrido en la estructura del precio del petróleo. Una victoria que es el anticipo de las reivindicaciones de la OPEP 3 años más tarde, y que llega en el peor momento para las petroleras: el mercado ha cambiado drásticamente. [...] En agosto de 1973, Occidental cede al Estado libio el 51% de sus actividades: el 49% restante le garantiza aún cómoda renta. A cambio de esta toma de control, Trípoli otorga a la firma 136 millones de dólares, enorme suma que sorprende a los dirigentes de todas las sociedades rivales (pp. 120-125).

VI. Marco legal del petróleo en Libia

Desde el comienzo de la exploración del petróleo, los países productores del tercer mundo se sometieron al dominio de las empresas petroleras occidentales, que explotaban sus recursos naturales a través del sistema tradicional de concesiones. A mediados de la década de 1950, Libia comenzó a operar con diferentes modelos de acuerdos contractuales con las petroleras internacionales. Los primeros permisos para la explotación petrolera se concedieron en 1953. La industria del petróleo adquirió mayor efectividad con la aparición de la Ley de Minerales de 1953, que autorizó la exploración y estudio de la posible existencia de minerales en el país, pero esta norma legal no permitía la perforación de pozos. Dos años después, el gobierno de la monarquía decretó la Ley del Petróleo 25/1955, que permitió y autorizó la perforación de pozos y se completó la entrada de compañías petroleras británicas y estadounidenses. Esta ley del petróleo libio de 1955 fue una de las pioneras y el ejemplo más logrado de la legislación moderna sobre petróleo, mediante la cual se formó un organismo especial para hacer frente a todos los asuntos relacionados con la industria petrolera, entre ellos el estudio de concesiones de exploración y explotación a empresas extranjeras. Se acordó dividir por igual los beneficios de la producción entre las empresas y el Gobierno, al tiempo que las empresas debían renunciar a sus derechos de concesión en las áreas donde no se encontraran yacimientos de petróleo. La Ley de Minerales del año 1953 propició la organización de las licencias para la exploración y, a consecuencia de ella, se concedieron nueve licencias a compañías petroleras internacionales. Con el inicio de la industria petrolera en el país, el Ministerio de Economía se encargó de los asuntos petroleros y, más tarde, evolucionó hasta la creación de la Comisión del Petróleo, que fue, de hecho, el primer organismo realmente encargado de aplicar Ley del Petróleo de 1955 tras su aprobación (Sulaymān, 1982, pp. 131-155).

La nueva ley estableció el marco para el desarrollo de la industria petrolera en Libia: su objetivo era atraer a las empresas extranjeras para buscar petróleo y para establecer una industria petrolera competitiva, asegurando que estas empresas no perdieran tiempo en explorar y explotar sus concesiones. Esto se logró al estipular que los bloques (terrenos asignados a las petroleras para exploración y explotación del petróleo) debían ser devueltos al Gobierno dentro de un período previamente acordado. En total, se otorgaron ese año 47 concesiones. Con la entrada en el país de las petroleras y el comienzo de las operaciones de exploración en 1956, estas compañías empezaron a invertir cada vez más dinero en el interior del país, lo que ayudó a reactivar la economía, aumentar las oportunidades de trabajo e incrementar la demanda de servicios y productos locales (al-Gadāmsī, 1998, p. 40).

En este pujante contexto, se otorgaron concesiones a compañías internacionales, con lo que aumentó el número de petroleras, entre ellas Esso, Nelson Bunker Hunt, Mobil, Total, Amerada, Marathon, Texaco, Continental, Gulf Oil, Amoco, Wintershall, BP, Oasis, Shell (Gānim, 1985, pp. 21-22).

ʿAbd al-Rāziq al-Murtaḍā Sulaymān (1982) señala que:

> La industria mundial de petróleo asistió en los años cincuenta a nuevos desarrollos asociados a la aparición de compañías petroleras nacionales fundadas por los países consumidores en el marco de las políticas dirigidas a asegurar la adquisición de petróleo [...]. Estos acontecimientos se reflejaron en las relaciones petroleras de Libia en 1968, tras el establecimiento de la Corporación General Libia del Petróleo y su participación en los futuros acuerdos para las contrataciones petroleras (p. 395).

Se redactó una ley para el petróleo, publicada en 1955, con la que se dieron contratos de concesiones para la exploración de petróleo.

La norma logró efectivamente su objetivo: en 1960, el número de empresas que operaban en el país alcanzó la cifra de veinte (Gānim, 1982, p. 54).

Todos los acuerdos mencionados anteriormente pertenecían al sistema concesional del período 1955-1970, mientras que los siguientes acuerdos de participación contractuales fueron del período 1971-1973. La industria del petróleo conoció otro tipo de contratos petroleros que no tenían procedimientos legislativos, son los llamados contratos de producción compartida, que comenzaron a desarrollarse a partir de 1974 (Sulaymān, 1982, p. 415).

ʿAbd al-Rāziq al-Murtaḍā Sulaymān (1982) explica que:

> Entre los años 1980 y 1981, la Corporación Nacional del Petróleo cerró varios acuerdos de participación en la producción con un número de compañías petroleras extranjeras. Algunas de ellas ya trabajan en el país desde hacía tiempo y otras entraron en el sector petrolero libio por primera vez (p. 443).

El estudio de la historia de las antiguas concesiones de explotación petrolera relata que tales acuerdos se adjudicaban por largos períodos de tiempo en grandes áreas de estos países que, a cambio, obtenían comisiones muy bajas por su petróleo. Las compañías petroleras excluían al país que poseía el petróleo de toda participación en la toma de decisiones, en tanto que los ingresos generados del petróleo iban a sus arcas en virtud de un sistema económico de concesiones completamente desigual. Esta situación comenzó a cambiar en los años cincuenta y sesenta del siglo pasado y el antiguo sistema se derrumbó en los años setenta, cuando los gobiernos de los países productores de petróleo consiguieron tomar el control de esta industria.

Los factores más importantes que llevaron a este cambio fueron las resoluciones de Naciones Unidas sobre el principio de soberanía permanente sobre los recursos naturales; el establecimiento de la Organización de Países Exportadores de Petróleo (OPEP) en 1960, cuyo objetivo es defender los intereses de los países productores; el establecimiento de compañías petroleras nacionales en los países productores; la nacionalización de la industria petrolera en algunos de estos países; junto con la entrada de otras petroleras extranjeras que no pertenecían al club de las siete grandes.

Estos cambios permitieron a los países exportadores controlar la industria del petróleo y adoptar la última palabra en las decisiones que determinaban la explotación, la producción y los precios (Otman, 2008, p. 17-19).

Las leyes y decretos más significativos dictados por los sucesivos gobiernos de Libia para gestionar la industria del petróleo de forma eficaz y con mejor rentabilidad son:

1- Ley de Minerales de 1953, según la cual todos los minerales que hay en las tierras libias son propiedad del Estado libio y nadie puede explorarlas, excavarlas o comercializarlas, si no bajo licencia otorgada de conformidad con las disposiciones del artículo 2 de esta ley.

2- Ley 25/1955, cuyos puntos más importantes son: la afirmación de que el petróleo es propiedad del Estado libio, la formación de un comité petrolero independiente con personalidad jurídica general, la partición de los territorios libios en cuatro divisiones petroleras, la extensión de la aplicación de esta ley al litoral marino y al interior en las aguas nacionales de Libia, entre otros aspectos.

3- Real Decreto del 15 de julio de 1961, que modificó la Ley del Petróleo de 1955, con algunas disposiciones sobre las tasas del petróleo.

4- Ley 24/1970, que creó la Corporación Nacional de Petróleo (NOC).

5- Ley 115/1971, que nacionalizó la petrolera BP (British Petroleum).

6- Ley 42/1973, que nacionalizó la petrolera Nelson Bunker Company.

7- Ley 44/1973, que nacionalizó el 51% de Occidental Libyan Inc.

8- Ley 10/1974, que nacionalizó Texaco Overseas Petroleum Company.

9- Ley 11/1974, que nacionalizó la Libyan American Oil Company.

10- Ley 76/1974, que sustituyó a la Ley del Petróleo 25/1955 (Gānim, 1985, pp. 333-483).

Waniss A. Otman (2008) señala que:

> La Ley del petróleo de Libia de 1955 fue uno de los ejemplos más antiguos y, en cierto sentido, más completos de una legislación moderna sobre el petróleo, y sigue vigente en Libia en 2006, hasta que se publique la Nueva Ley del Petróleo de Libia. Para el 26 de abril de 1956, el primer pozo en Libia fue perforado en la Cuenca de Cirenaica con resultados decepcionantes, y no fue hasta 1958 que Esso Standard Libya Inc. descubrió una acumulación comercial de petróleo. Esto tuvo lugar en la Concesión 6, en el corazón de la Cuenca de Sirte, y estaba claro que se había descubierto una nueva provincia petrolera de clase mundial (p. 20).

Trayectoria de los acuerdos del petróleo

La Ley 25/1955 que introdujo las concesiones de Libia fue el acuerdo inicial para la exploración y producción del petróleo entre el Gobierno libio y las distintas petroleras. Bajo este convenio, las ganancias se dividieron sobre una base del 50-50 entre las dos partes, y el Gobierno lo recibió como pago de regalías e impuestos.

De esta forma, el sistema de concesión libio fue un abuso cometido por las petroleras en el primer período de exportación de petróleo. Esto, a su vez, significó pérdidas sustanciales para el Gobierno en términos de ingresos. Sin embargo, cuando Libia se unió a la OPEP en 1962, la situación cambió de forma ostensible. El 20 de noviembre de 1965, un real decreto modificó la Ley del petróleo 25/1955. La nueva enmienda estableció, en primer lugar, que las regalías debían calcularse al 12,5% del precio publicado del crudo exportado y debían tratarse como un artículo de costo y como parte de la participación del Gobierno en los ingresos, 50 por ciento. De hecho, esta enmienda fue un punto de inflexión clave en el sistema fiscal petrolero libio, lo que incrementó sustancialmente la participación gubernamental en los ingresos petroleros por barril, corrigiendo los abusos anteriores y alineando a Libia con otros productores regionales (Otman, 2008, pp. 140-142).

El Estado optó por una nueva política dirigida a maximizar los ingresos por barril de crudo y reducir al mínimo su producción. Esto abrió el camino a decisiones estatales que resultaron significativas para cambiar toda la base de los acuerdos contractuales en el país, lo que llevó a la adopción de la participación y los sistemas de contrato EPSA.

En 1968 y 1969, Libia concedió un número de contratos de participación que después fueron reconsiderados, regularizándose algunos y cancelándose otros.

Al final de esta fase, Libia había renunciado a nuevas concesiones petroleras y los contratos de participación habían comenzado a adoptarse como un nuevo patrón de relaciones con las empresas petroleras. En 1970 se llegó a un acuerdo con las compañías petroleras para ajustar el precio del petróleo libio al nivel de precios en Oriente Medio. Le siguió otro acuerdo, en 1971, que tenía en cuenta las características y cualidades favorables del petróleo crudo libio y su proximidad a los mercados de exportación.

El Ministerio del Petróleo libio en su libro *Libyan Oil 1954-1971* (1970) explica:

> En septiembre de 1970, se llegó a un acuerdo con las compañías petroleras para ajustar el precio del petróleo libio al nivel de precios de los crudos similares de Medio Oriente. A esto le siguió en 1971 el Acuerdo de Trípoli, en virtud del cual se aumentaron las tasas impositivas y los precios publicados para reflejar las características y calidades favorables del petróleo crudo libio y su proximidad a los mercados de exportación. El acuerdo de Trípoli fue seguido, a su vez, en mayo de 1972 por un ajuste por devaluación del dólar estadounidense que elevó los precios publicados hasta un 8,49% adicional aplicado retroactivamente sobre las cantidades debidas para el pago al Gobierno en los términos de la liquidación de septiembre de 1970. Además, el Gobierno llegó a un nuevo acuerdo para efectuar un aumento considerable de los precios del gas exportado a Italia y España (p. 7).

El nuevo gobierno de Libia comenzó de inmediato una serie de negociaciones con las petroleras respecto a los temas principales de la exploración y producción del petróleo. Esto le llevó a emitir la Ley 30/1971, que enmendó ciertas disposiciones de la anterior Ley del petróleo.

Mediante esta enmienda, la participación del Gobierno en las ganancias obtenidas por los concesionarios se incrementó del 50 al 55 por ciento. De hecho, en el período comprendido entre 1972 y 1974, el Gobierno libio aumentó la regalía del 12,5 por ciento al 14,5 por ciento y, luego, al 16,67 por ciento. Entretanto, los impuestos también aumentaron gradualmente desde su nivel en la concesión original del 50 por ciento al 55 por ciento, luego al 60% y, finalmente, al 65% (Otman, 2008, pp. 144-145).

El Gobierno libio comenzó otorgando concesiones totales a las petroleras, para posteriormente cambiar los acuerdos y poder participar de forma activa de esas concesiones. Finalmente, se crearon los acuerdos EPSA[31] con el objetivo de que la exploración y la producción de petróleo fueran compartidas.

En aquellos momentos, el ambiente de los negocios petroleros se relacionaba con el poder de las soberanías nacionales. Después de la guerra de 1973[32] se produjo lo que entonces se llamó el "nuevo orden mundial", en el que los países, ahora propietarios de sus riquezas nacionales, ejercían mayor control sobre sus recursos naturales. Poco a poco, comenzó en el mercado del petróleo una guerra de precios no declarada entre el grupo de países que integraban la OPEP y aquellos que estaban fuera de esta organización. Para controlar este conflicto y salvar los precios que caían rápidamente en los mercados mundiales, la OPEP se encontró frente al dilema de que si no se paraba voluntariamente la producción, los precios se derrumbarían progresivamente. Libia nacionalizó su industria del petróleo en 1973. En 1974 y 1980 se firmaron los acuerdos EPSA, que eran nuevos convenios para impulsar la exploración y que se explican detalladamente a continuación.

---

[31] EPSA = Exploration & Production Share Agreement (Acuerdo de Participación en la Exploración y Producción).
[32] Es la guerra árabe-israelí que empezó el día 6 de octubre de 1973, también conocida por el nombre de Guerra del Yom Kippur (festividades religiosas judía) o Guerra del Ramadán (mes del ayuno musulmán). Para más información, ver: Aníbal José Maffeo. (2003). La Guerra de Yom Kippur y la crisis del petróleo de 1973.

Así, los acuerdos EPSA no fueron un simple cambio legislativo sino una nueva manera de hacer las cosas, así como las primeras señales de la llegada de nuevos tiempos que trajeron numerosos cambios, inclusive la política libia de intervenir en la gestión petrolera para la exploración y producción del petróleo. Es particularmente llamativo que con la introducción del nuevo sistema de EPSA, las IOC (International Oil Companies) entraron en una nueva fase de operaciones y riesgos contractuales de alto nivel. Esto se debía a que EPSA-I y EPSA-II hacían muy evidente que, en los nuevos términos, la LNOC (Libyan National Oil Corporation) actuaba como operador sin pérdida de beneficios. Las IOC clasificaron a EPSA-I y EPSA II como las condiciones contractuales más difíciles y arriesgadas de la historia de la industria petrolera internacional, lo que se ve ratificado por la curva descendente de las actividades de exploración y producción libias. Un factor importante que influyó en la evaluación económica de cualquier proyecto nuevo durante este período fue el constante aumento del precio del petróleo hasta 1981, seguido de una acusada disminución a finales de los ochenta.

Waniss A. Otman (2008:159) explica lo siguiente:

> Otra crítica importante de EPSA-I y II fue que, según sus disposiciones, los IOC tenían pocos incentivos para desarrollar yacimientos petrolíferos pequeños o marginales que se habían descubierto. Las compañías petroleras no estaban obligadas a desarrollar estos descubrimientos, ya que según los términos de la EPSA I y II se consideraron no rentables [...]. EPSA-III se introdujo en 1988, en un momento en que la industria petrolera internacional estaba experimentando cambios drásticos debido a una variedad de importantes factores geopolíticos, que tuvieron un profundo efecto en las tendencias de inversión en las fases iniciales.

En estas nuevas circunstancias, los tasadores HCs prestaron una atención considerable para garantizar que los centros reguladores HCs brindaran cambios muy reales en su atención para garantizar que se realizaran cambios en sus sistemas legales y fiscales para reflejar estas nuevas realidades y para equilibrar los riesgos y beneficios de cualquier superficie ofertada por ellos. Un factor importante que influyó en la evaluación económica de cualquier nueva empresa durante este período que tuvo un constante aumento del precio del petróleo hasta 1981, y su disminución igualmente marcada a finales de los años ochenta y principios de los noventa (pág. 159).

Los acuerdos EPSA representaron un aumento espectacular de los ingresos netos que Libia obtuvo del petróleo. EPSA-I se firmó en 1974, EPSA-II lo fue en 1979-80, EPSA III y EPSA VI son posteriores a 1985, por lo cual no hablaremos de ellos en la presente investigación.

El primer acuerdo EPSA-I del 74 condujo a la conversión de los contratos existentes y establecía la igualdad de participación en los gastos de capital.

Por su parte, el acuerdo de reparto de la producción entre LNOC y los IOC solo se circunscribía a dos tipos de exploración: el primero era la exploración en tierra (Onshore), en el cual la LNOC poseía el 85% de la producción y los IOC tenían el 15% de la misma; el segundo era la exploración en mar (Offshore), en el cual la LNOC detentaba el 81% de la producción y los IOC tenían el 19% de esta (Otman, 2008, pp. 155-156).

El segundo EPSA-II, firmado en 1980, supuso un nuevo acuerdo para impulsar la exploración.

A su vez, determinó el reparto de la producción según las áreas, a las que clasificó en tres categorías: la primera, de categoría superior, en la cual la LNOC tiene el 85% e IOC el 15% de la producción; la segunda área es de categoría media, en la cual la LNOC ostenta el 81% e IOC tiene el 19% de la producción; y la tercera y ultima área es de categoría baja, en la cual la LNOC posee el 75% e IOC tiene el 25% de la producción (Otman, 2008, pp. 156-157).

El petróleo libio, la máxima producción y el camino hacia el éxito

El cierre del canal de Suez en 1967 puso en evidencia la importancia de Libia para las economías europeas a causa de su ventajosa posición geográfica.

En 1970 se estableció la Corporación Nacional Petrolera (NOC)[33]. A este respecto Maḥmūd ʿAlī al-Gadāmsī (1998) señala que:

> Las exportaciones de petróleo alcanzaron en 1961 la nada desdeñable cifra de 5,246 millones de barriles, a lo que siguió un constante aumento que dio como resultado un incremento de los ingresos nacionales anuales, que en 1968 llegaron a unos 883,4 millones de dinares libios. En 1969, los ingresos alcanzaron los 1.053,2 millones.

---

[33] National Oil Corporation (NOC), es la Corporación Nacional del Petróleo establecida por la Ley 24/1970 para reemplazar a la Corporación General del Petróleo (LGPC) establecida por la Ley 13/1968, y responsabilizarse de la gestión del sector petrolero. La NOC realiza operaciones de exploración y producción a través de sus propias compañías o conjuntamente con otras, mediante contratos de inversión petrolera, así como operaciones de comercialización de petróleo y gas dentro y fuera de Libia. También posee un grupo de empresas para la refinación y manufactura de petróleo y gas natural, que administran varias refinerías, como Rās Lanūf y al-Zawiya, además de un grupo de fábricas que producen amoníaco, urea y metanol en el complejo petroquímico al-Brīqa, que incluye una planta de licuefacción de gas natural, además de la planta de etileno y la planta de polietileno de alta densidad en el complejo Rās Lanūf.

Si dividimos estos ingresos por el número de habitantes de ese mismo año, que era de alrededor de 1,8 millones de personas, obtendremos unos ingresos per cápita de casi 260,6 dinares, mientras que los ingresos per cápita en los años cincuenta no superaban los 14 dinares libios por habitante (p. 128).

En 1970 hubo una demanda mundial intensificada de petróleo y durante aquel año la producción de crudo libio alcanzó un máximo histórico de 3,7 MB/d. Mientras que el petróleo era un bien escaso en el mundo, el gobierno libio aumentó los impuestos a las compañías petroleras y redujo sus cuotas de producción. Las actividades de exploración y desarrollo en virtud de la participación y el EPSA ofrecieron como resultado el descubrimiento de pequeñas reservas de petróleo crudo.

En consecuencia, la división de la producción para los nuevos EPSAS y los EPSAS extendidos supusieron una mejora a favor de las empresas operativas. Los datos disponibles indican que incluso esas pequeñas reservas descubiertas no hubieran podido desarrollarse económicamente en virtud de los acuerdos contractuales existentes. Basándose en las cifras de los propios IOC's, los datos del gobierno libio y las estimaciones de la OPEP, el total del petróleo descubierto desde el comienzo de la exploración en 1956 hasta 1983 es de 95.800 millones de barriles, que fue dividido en tres fases.

En la primera fase, comprendida entre 1956 y 1965, el petróleo descubierto ascendió a 73,9 mil millones de barriles o aproximadamente el 61,6% del total. En la segunda fase, de 1966 a 1974, hubo una drástica contracción en los descubrimientos bajando a 15 mil millones de barriles, que representan el 12,5% del total, con una disminución del 79,7% respecto al período inicial. Esta tendencia siguió su descenso en la tercera fase, de 1975 a 1983, cuando el petróleo descubierto fue solo de 6.900 millones de barriles o el 5,8% del total del país (Otman, 2008, pp. 104-105).

Como se ha expuesto anteriormente, en 1953, el nuevo estado independiente de Libia decretó una ley que garantizaba la propiedad estatal de todos sus minerales, incluidos los hidrocarburos que se encontrasen en el futuro, la llamada Ley de Minerales, que otorgaba licencias de exploración a las grandes petroleras para recoger información geológica a lo largo y ancho del país.

La nueva norma legal también establecía las condiciones que tendrían que cumplir las empresas para obtener los permisos que les permitieran iniciar los trabajos de exploración del suelo. Finalmente, nueve empresas consiguieron esas licencias entre finales de 1953 y 1954. Maḥmūd ʿAlī al-Gadāmsī (1998) indica que:

> Por la ley n° 25 de 1955, se creó la Corporación General Libia de Petróleo y luego se emitió la ley n° 24, en el mes de marzo de 1970, que estableció la creación de la Corporación Nacional de Petróleo (CNP). (p. 48).

Libia decretó, en 1965, una ley que obligaba a las compañías petroleras a aumentar la participación del Gobierno en los beneficios y tarifas impuestas a la producción, con el fin de equilibrarlas con los porcentajes aplicados en el resto de los países de Oriente Medio, miembros de la organización de la OPEP (Mahmud and Russell, 1999, pp. 215-217).

Desde la llegada de Gadafi al poder, el monopolio de la extracción del petróleo en Libia se encuentra a cargo de la Corporación Nacional de Petróleo (NOC), que ha estado trabajando con varias filiales y empresas extranjeras de petróleo y gas, como Eni, Total, Repsol, Agip, Shell, Wintershall y otras petroleras.

Además, la NOC posee muchas petroleras nacionales que operan en todo el territorio libio[34].

También está la compañía libia Brega Oil Marketing Company, que se encarga del almacenamiento, distribución y venta de productos petrolíferos. La compañía ChemPetrol, ubicada en Malta, es responsable de la venta y exportación de los productos químicos. La compañía Oilinvest se encarga de las operaciones finales de las inversiones petroleras en el extranjero, además de que posee una red de gasolineras en Italia, Alemania, España, Portugal y Suiza, sin olvidar su actividad de refinado en varias refinerías en Italia y Suiza.

Todas estas actividades son gestionadas bajo la marca Tamoil Group. Libia también posee cinco refinerías situadas en al-Brīga, al-Zwaītīna, Rās Lanūf, Tobruq y al-Sarīr.

Como resultado de los ingresos por la exportación del petróleo, se inició la recuperación de la economía nacional, que pasó de ser impotente a una economía con excedentes.

Eric Laurent (2009) explica que:

> En 1965 Libia ya es el sexto país exportador mundial, con un 10% de todo el petróleo exportado. Aproximadamente 14 años antes, era un país de piedras y desierto que sirvió durante la Segunda Guerra Mundial como frente de batalla para las tropas de Rommel y Montgomery, en aquel entonces aún no se había descubierto ningún pozo petrolífero. Libia está en el origen de un extraordinario vaivén que va a barrer el antiguo orden y engendrar una nueva relación de fuerzas (p. 113).

---

[34] Las petroleras nacionales más importantes: Arabian Gulf Oil Company: www.agoco.com.ly, Waha Oil Company: www.wahaoil.net, Zueitina Oil Company: www.zueitina.com.ly, Sirte Oil Company: www.sirteoil.com.ly y Brega Company: **http://www.brega.ly**. Véase también la Web de NOC (National Oil Corporation): **http://noc.ly/index.php/en/**.

Después de los primeros descubrimientos de los años sesenta y el aumento de la producción en los setenta, las principales petroleras concentraron sus esfuerzos en la cuenca de Sirte donde se habían realizado los gigantescos hallazgos petrolíferos. Dada la gran importancia del petróleo en el país, cuya producción se limita a un nivel razonable y que tiene un impacto sobre las exportaciones, observamos que en 1970 se exportaban unos 3,3 millones de barriles por día. Después de la política seguida por el estado de reducir la producción para mantener la riqueza petrolera, en 1972 la exportación descendió a unos 2,3 millones de barriles al día, es decir, hubo una reducción de hasta un millón de barriles diarios en relación a 1970 (al-Gadāmsī, 1998, p. 129).

Los grandes cambios en el sistema fiscal libio enviaron señales negativas a las compañías petroleras internacionales, que comenzaron clasificando la inversión en actividades de exploración y producción en Libia como proyectos de alto riesgo.

Antes de 1955 las cuencas sedimentarias libias, donde prácticamente no existían estudios geológicos, poseían un perfil de alto riesgo, pero después de los años setenta, estas mismas cuencas consiguieron notables logros con sus múltiples descubrimientos.

A. Otman (2008) se refiere a que:

> Si bien el gobierno consideró que el sistema de concesiones libias era menos prometedor en términos de rendimientos financieros y económicos que el aplicado en otras regiones productoras de petróleo, los responsables de la política petrolera libia en el análisis final deberían apreciar que los mismos términos de las concesiones que proyectaban eran los que había logrado los primeros éxitos significativos en el descubrimiento y desarrollo del sector de exploración y producción en Libia.

Cuando se toma en cuenta el perfil de alto riesgo de las cuencas sedimentarias de Libia antes de 1955, donde prácticamente no existían estudios geológicos, este fue un logro notable después de la década de 1970.

Los principales cambios en el sistema fiscal libio enviaron gradualmente señales negativas a los COI que comenzaron clasificando la inversión en actividades de exploración y producción en Libia como empresas de alto riesgo (p. 146).

Al aplicar el sistema y la política de la OPEP, Libia aumentó sus ingresos de manera constante. Además de esto, el control de los precios a través de la OPEP significó un aumento, substancialmente grande, de los ingresos del Estado.

Waniss A. Otman (2008) explica que:

Al aplicar el sistema de la OPEP, los ingresos de Libia aumentaron de manera constante en los años posteriores a 1965, ya que bajo este sistema los subsidios de las COI se redujeron gradualmente durante los años siguientes.

Además de esto, la aplicación de los precios publicados y el hecho de que antes de la modificación de los gastos, alquileres, tarifas e incluso regalías se habían deducido de la participación del estado en los ingresos de las exportaciones de petróleo, esto significaba que, combinado con el rápido aumento de la tasa de producción en todo durante la década de 1960, los ingresos del estado aumentaron considerablemente (p. 143).

Infraestructura de la industria energética en Libia

La subestructura de la industria energética libia durante el período estudiado funcionó principalmente para producir petróleo crudo y gas a fin de trasladarlo hasta la costa mediterránea para su posterior exportación a los mercados internacionales. También se refinaban y se vendían derivados en el mercado local o se exportaban a países extranjeros.

La producción de petróleo y gas se concentra en el sur del país, a excepción de algunos pequeños campos marítimos situados en la plataforma noroeste cercana a la vecina Túnez.

La infraestructura petrolera está compuesta, en primer lugar, de instalaciones en las áreas de producción para actividades de perforación, producción y almacenamiento; en segundo lugar, de instalaciones de bombeo activo a través de tuberías que atraviesan diferentes provincias y regiones; en tercer lugar, de instalaciones de almacenamiento receptor en los puertos petroleros situados a orillas del Mediterráneo para ser reexportado; y, por último, de refinerías para el tratamiento del crudo, la separación del gas y su almacenamiento, así como la fabricación de productos petroquímicos y fertilizantes.

La mayoría de estas refinerías están en la costa de Libia para facilitar, de esta manera, la exportación por mar de sus productos terminados (Ministerio de Información y de Asuntos Culturales: Marcha del hombre, 1976, pp. 137-145).

Toda esta infraestructura fue construida con inversiones conjuntas del Gobierno libio, representado por la Corporación Nacional del Petróleo (CNP), y las petroleras internacionales. Las empresas estadounidenses Exxon y Mobil fueron pioneras en hallar y producir petróleo en esta zona.

Durante este largo período, la industria energética ha evolucionado y se ha extendido hacia el este, el oeste y el sur hasta llegar a lo que constituye en la actualidad. Históricamente, la estructura de la industria petrolera libia era diferente a la de otros países productores por el hecho de tener múltiples compañías petroleras extranjeras que trabajaron dentro del mismo estado.

En otros países productores, se trabajaba, generalmente, con una sola empresa o un consorcio de empresas aliadas. Las primeras empresas presentes en Libia, que recibieron el apelativo de compañías independientes, fueron Occidental, Winter Shell, FIBA y la italiana Eni, además de las conocidas como las *Siete Hermanas* (Esso, Shell, BP, Mobil, Chevron, Gulf Oil y Texaco), que formaban todas ellas un gran cártel. Este tipo de organización de la gestión petrolera resultaba controvertida, tanto a nivel de infraestructuras como por los procedimientos y negociaciones que se llevaban a cabo, por lo que la estructura libia poseía ventajas estratégicas no exentas de costosas desventajas competitivas (Gānim, 1985, pp. 99-105).

La industria energética se distribuye en campos petrolíferos[35], refinerías, plantas de licuefacción del gas, oleoductos, gasoductos, depósitos, cisternas y puertos petroleros.

La producción de crudo tiene lugar en varias cuencas sedimentarias de Libia como la de Sirte, Murzūq y Gadāmes.

---

[35] Los campos petrolíferos libios más destacados son Amāl ubicado en al-Wāḥāt, en la cuenca de Sirte. Al-Ẓahra que se encuentra al suroeste de Sirte y al norte de Zala y al oeste de Marāda, en la cuenca de Sirte, es uno de los campos petroleros más antiguos. al-Fārag, ubicado a 60 km al sudoeste del campo de Ŷālū, en la cuenca de Sirte. Zultun, que es uno de los yacimientos petrolíferos más grandes de Libia, está en la cuenca de Sirte, ubicado a unos 170 km al sur del puerto de al-Brīqa. al-Šarāra, que se encuentra en el desierto de Murzuk, al sur de Trípoli, está en la cuenca de Sirte. al-Fīl, se encuentra en el desierto de Murzuk, al sur de Trípoli, está en la cuenca de Sirte. al-Būry, está ubicado en el mar Mediterráneo a 120 km al norte de la costa libia. Y al-Wafā' que se encuentra a 540 kilómetros al suroeste de la ciudad de Trípoli, está en la cuenca de Sirte.

También se descubrió petróleo en el mar al oeste de Trípoli y en la zona del desierto al-Ḥamādah al-Ḥamrā central (las colinas rojas centrales).

Para determinar las concesiones concedidas a las petroleras internacionales, se han dividido las regiones del país en cuatro grandes zonas petroleras; luego se dividieron las zonas en sectores más pequeños y se dio a cada uno un número especial.

Libia tiene cuatro grandes cuencas sedimentarias en tierra que son sus principales cuencas productoras. La zona I está situada al oeste del país, es la más importante y se llama cuenca de Sirte; la zona II está al este y se halla exactamente al norte de la latitud 28 norte, es la segunda en importancia y se denomina cuenca de Murzūq; la zona III también se encuentra al este del país, pero situada al sur del paralelo 28 norte, esta no es tan importante como las dos primeras y se llama cuenca de Kufrah. Finalmente, viene la zona IV que se encuentra en la región de Fezán, es la menos importante y se denomina cuenca de Gadāmes. también tiene algunas cuencas sedimentarias en el mar, como la plataforma de Cirenaica y la cuenca de Tripolitania en alta mar. asimismo, posee una en el golfo de Sirte. Los planes de expansión libia incluían el desarrollo de los campos de petróleo en alta mar y en 1976 fue descubierto el campo productor de petróleo más grande del mar Mediterráneo, que es la plataforma Al-Būry (Otman & Bunter, 2005, pp. 99-136).

A través de la NOC[36] y sus filiales, Libia posee, dentro de la industria petrolera, cinco refinerías[37] que transforman parte de su petróleo crudo y producen gasolina, diésel, nafta, queroseno y gas licuado del petróleo, destinados a cubrir parte del consumo interno.

---

[36] NOC es propietaria de empresas que exploran, desarrollan y producen petróleo y gas, además de compañías de comercialización interna y externa. Está asociada, mediante contratos de participación, con petroleras y otras compañías internacionales especializadas en estos campos; dichos contratos se han convertido en acuerdos de exploración y producción para el desarrollo global de la industria del petróleo y el gas.
[37] Las cinco refinerías son Rās Lanūf, Zawiya, al-Brīqa, Tobruk y al-Sarīr.

Además de las refinerías de petróleo, dispone de plantas de licuefacción del gas, complejos petroquímicos[38], industrialización del gas, amonio, metanol y etileno, así como depósitos[39] para derivados petrolíferos y oleoductos.

En los años setenta y ochenta Libia disponía también de una gran flota[40] de petroleros (Otman & Bunter, 2005, pp. 229-248). En cuanto a los oleoductos y su influencia en las decisiones de las inversiones, los IOC's habían instalado una extensa red de oleoductos y gasoductos en las cuencas libias desde los primeros días de la producción y el desarrollo del petróleo en los sesenta. Después de las nacionalizaciones de la década de los años setenta y la salida de las compañías estadounidenses en los años ochenta, LNOC a través de sus filiales asumió el control de la red de oleoductos y gasoductos (Otman & Bunter, 2005, pp. 248-266).

A este particular, se extrae el crudo y se bombea a través de los oleoductos desde los campos petrolíferos hasta los depósitos y, luego, a los puertos. Con respecto a las instalaciones para almacenar y reunir el petróleo destinado a la exportación, se ha establecido una amplia gama de terminales desde los primeros días de la industria de los hidrocarburos en Libia (Otman, 2008, pp. 100-101).

---

[38] El complejo petroquímico Abū Kamāš, situado en Zulṭun e inaugurado en 1970, produce cloruro de etileno, cloruro de vinilo (VCM), cloruro de polivinilo (PVC), sosa cáustica y cloro, productos que se exportan. El complejo Rās Lanūf tiene una planta de etileno y otra de polietileno de alta densidad. El complejo petroquímico al-Brīqa, incluye una planta de licuefacción de gas natural, además de otra fábrica de tubos de polietileno en Misurata.

[39] Los depósitos de derivados petrolíferos y oleoductos están en Sirte, Ras-Lānūf, Ajdabiya, al-Brīqa, Zawiya y Melīta.

[40] En 1973 Libia adquirió varios petroleros de diferente tonelaje: los petroleros al-Brīqa y Rās Lanūf con una capacidad de 87.000 toneladas cada uno, además de al-Sarīr que tenía una capacidad menor, de 47.000 tn, y el gran petrolero al-Zūitīna de 121.000 toneladas. A principios de 1974 se añadieron al-Ḥarīqa, de 47.000 tn y Um al-Frūd, de 5.500 tn. A finales de 1974 se incorporaron a la flota el petrolero Intisār, de14.100 tn y al-Sidra, de 121.000 tn. Los años siguientes y hasta el año 1985 se incorporaron los petroleros al-Qurḍābīa, al-Hāny y al-fūehāt que tenían una capacidad de 154.000 toneladas cada uno, además de dos buques destinados al transporte de los productos derivados del petróleo que fueron al-Rakūa y Tāūrga'.

La producción de petróleo libio se exportaba al extranjero desde los cinco principales puertos[41] unidos a la red de tuberías conectadas a los campos petrolíferos (Ġānim 1985:185-200).

Los principales puertos petroleros de Libia son los de Marsā al-Brīqa, Rās Lanūf, al-Sidra, al-Ḥarīqa, al-Zwaītīna. El primero de ellos es el de al-Brīqa, que se abrió en 1961 en el golfo de Sirte para exportar la producción del campo Zulṭun, que fue descubierto por Esso a unos 300 kilómetros del sur de Bengasi. Este mismo grupo instaló, por primera vez, tuberías para conectar el puerto al-Brīqa con el campo petrolífero y, a continuación, levantó en el mismo puerto la refinería de petróleo y otro laboratorio para la licuefacción de gas natural. El segundo puerto petrolero es el de Rās Lanūf, que abrió en 1962, al oeste del puerto al-Brīqa, y fue creado por el grupo de empresas Oasis, si bien en 1966 se incorporó la empresa holandesa Shell. El grupo Oasis estaba trabajando en los yacimientos de al-Ŷufrah, que fue conectado por una línea de tuberías al puerto Rās Lanūf. El tercer puerto es al-Sidra, establecido por la empresa norteamericana Mobil y la alemana Gelsenberg, al que conectaron con una línea de tuberías para transportar el petróleo de la región de al-Ŷufrah y al-Wāḫāt. El cuarto puerto es Marsā al-Ḥarīqa que se inauguró el año 1964, cerca de la ciudad de Tobruk y fue establecido por la petrolera británica British Petroleum en asociación con la petrolera Bunker Hunt de Estados Unidos para exportar desde el campo petrolífero de la zona de al-Sarīr, que está situado al sur, a unos 484 kilómetros de la costa.

---

[41] Libia posee importantes puertos petroleros, la mayoría de los cuales se encuentran en la región petrolera llamada al-Hilal al-Nafṭy ('Media Luna Petrolera') que incluye: puerto de al-Sidra, a 180 km al este de Sirte, con una capacidad de más de 400.000 barriles por día, tiene 19 tanques de almacenamiento de crudo con una capacidad de alrededor de 6.2 millones de barriles. Puerto de Rās Lanūf, a 23 km del puerto de al-Sidra, con una capacidad de 220.000 barriles por día. El puerto de al-Zwaītīna, ubicado en la ciudad de Ajdabiya, a 180 km al oeste de Bengasi, con una capacidad de 100.000 barriles por día. Puerto de al-Ḥarīqa, ubicado en la ciudad de Tobruk, con una capacidad de alrededor de 110.000 barriles por día. Puerto de al-Brīqa, situado en el golfo de Sirte, en el punto más meridional del Mediterráneo, y a unos 600 km al este de la capital, Trípoli, su capacidad es pequeña.

El quinto puerto petrolero es al-Zwaītīna, abierto en 1968 y ubicado a solo 225 kilómetros al sur de Bengasi; fue establecido por la petrolera norteamericana Occidental Petroleum (Oxy), que obtuvo su concesión para la exploración en 1966 y teniendo éxitos rápidos en la localización de yacimientos de petróleo en la zona de Awŷla, conectó una línea de tuberías de 203 kilómetros de enlace entre estos campos y el puerto de al-Zwaītīna. Esto sin dejar de mencionar otros puertos exportadores de petróleo y estratégicamente vitales para Libia, como el puerto petrolero de Muṣfāt al-Zawiya y el puerto de Milīta (al-Gadāmsī, 1998, pp. 108-122).

El informe *The Oil & Gas Year LIBYA* (2010) recoge que:

> El sector de exploración y producción del crudo fue un importante beneficiario del movimiento de nacionalización en los años setenta. En medio de los esfuerzos para consolidar la industria petrolera bajo el control del gobierno, Libia amplió la capacidad de refinación para cubrir las crecientes demandas del mercado interno. En 1974, la refinería de petróleo de Zawiya fue construida por la NOC-National Oil Corporation (Corporación nacional del petróleo) con una capacidad de 120.000 barriles por día para producir gasolina, nafta, queroseno, diésel, fueloil pesado y GLP.
>
> Las cinco refinerías de petróleo de Libia operan con una capacidad total de 380.000 barriles por día. La mayor de ellas, la refinería de Ras Lanuf, comenzó a funcionar en 1984 con una capacidad de diseño de 220.000 por día para producir nafta, diésel, queroseno, fueloil pesado y GLP (p. 9).

VII. El precio del petróleo

Además de influir directamente en los beneficios de las petroleras, los incrementos constantes del precio del petróleo permiten especular con la valoración de estas empresas en los mercados bursátiles.

Evolución de los precios y acontecimientos más importantes

En 1900 el precio del barril llegó a 1,20 $; en 1930, tras el Crack de Wall Street bajó a 1,19 $; en 1941, con el Ataque a Pearl Harbour, el precio estaba en 1,14 $; en 1945, con la Victoria aliada, el Plan Marshall y la creación de la UNO, el precio del petróleo se situó en 1,20 dólares; en 1950, en plena Guerra Fría, el precio fue de 1,70 dólares; luego, en 1960, con la creación de la OPEP el precio alcanzó 1,80 dólares.

En octubre de 1973, la Organización de Países Exportadores de Petróleo (OPEP) decidió aumentar el precio del petróleo crudo, desde 2 a 3.65 dólares por barril. Desde esta época, se aprecia una fuerte rivalidad entre las compañías petroleras norteamericanas, europeas y otras potencias por el dominio del crudo. De otra parte, el aumento de los precios del petróleo tiene poco que ver con los países exportadores y mucho más con la inestabilidad política inducida.

USA no depende del petróleo de Oriente Medio para abastecer su mercado interno, pero sus compañías petroleras sí que lo explotan en calidad de intermediarias para suministrarlo al resto del mundo. El aumento del precio del petróleo permite estabilizar el dólar a una cotización más alta (Giordano, Eduardo: *Las guerras del petróleo*).

El petróleo crudo y sus variables de precios

Los precios del crudo reaccionan y cambian ante una variedad de eventos geopolíticos y económicos, y así ha sucedido durante los últimos años.

Los hechos que interrumpen la oferta o aumentan la incertidumbre sobre los futuros suministros de petróleo tienden, como no podía ser de otro modo, a elevar los precios.

Después de la Segunda Guerra Mundial, en 1950, el precio medio del petróleo llegó a los 11,89 $ por barril.

A lo largo de la década de los cincuenta, el precio nominal[42] del crudo osciló entre 1,71 y 2,08 $ por barril y el precio real[43] entre el 11,89 y el 12,29 $ por barril (Otman & Bunter, 2005, pp. 188-194).

En la década de los sesenta, el precio nominal del petróleo fluctuó entre 1,02 y 1,80, es decir, solo se incrementó unos cuantos centavos. En términos reales, la oscilación estuvo a la baja, ya que los precios fluctuaron entre los 12,96 y los 8,21 dólares por barril para el mismo período.

Durante el período comprendido entre 1950 y 1970, se produjo cierta estabilidad en términos nominales en los precios del petróleo, mientras que en términos reales hubo un descenso desde los 11,89 $ por barril en 1950 a los 7,75 $ por barril en 1970[44].

Uno de los factores que influyeron de modo significativo en la caída de los precios era que los principales países industrializados desarrollaron otras fuentes de energía distintas al petróleo, tales como la energía nuclear, la solar y la derivada del carbón. Otro factor a considerar fue una mayor participación en la oferta por parte de los países no pertenecientes a la OPEP.

En 1950, el consumo total de energía representaba el 37.8% del petróleo frente al 55.7% del carbón; en 1972, el crecimiento del petróleo y el gas en el consumo global de energía representaba el 64.4% del total frente al 35,6% del carbón (León 2007:170).

---

[42] El precio nominal de un bien es simplemente su precio absoluto. El precio nominal del petróleo es su precio en dólares en el momento que se comercializa.
[43] El precio real de un bien es el precio en relación con un indicador agregado de precios. El precio real del petróleo es su precio una vez corregido por la inflación.
[44] U.S. Energy Informaction Administration (EIA). Energy & Financial Markets. WHAT DRIVES CRUDE OIL PRICES?
http://www.eia.gov/finance/markets/crudeoil/spot_prices.php (Fecha acceso 17/02/2015).

Si se observa, el precio del petróleo siempre ha sido muy volátil, especialmente durante la década de los setenta, coincidiendo con la primera y la segunda crisis del petróleo que tuvieron lugar en 1973 y 1979 respectivamente.

Durante dicha década el costo del combustible se multiplicó por 20, pasando de 2,2 dólares el barril en enero de 1970 a 40,5 dólares a finales de los 70.

En los años ochenta, en sintonía con la desaceleración económica mundial, el precio del petróleo se corrigió a un promedio de 21 dólares el barril. Paul Isbell (2005) afirma que:

> La última vez que los precios subieron tanto en tan poco tiempo fue durante el período comprendido entre los dos grandes choques petroleros de 1973-1974 y 1979-1980, cuando pasaron de tres dólares por barril en 1973 a casi 36 dólares por barril en 1980. El Fondo Monetario Internacional (FMI) calcula que el precio real del petróleo subió un 74% entre junio de 2003 y marzo de 2005, comparado con un aumento del precio real del 185% durante el año 1974 y con un aumento del precio real del 158% entre junio de 1978 y noviembre de 1979 (p. 2).

Así comenzaron a acumularse las riquezas del petróleo, que se vieron reflejadas en la vida de los libios a través de los innumerables y profundos cambios experimentados por la sociedad, que fueron espléndidos en el sentido económico y, al mismo tiempo, comprometedores en el sentido ético, dado que comportaron una extrema vigilancia sobre los agentes sociales para evitar la corrupción y la irresponsabilidad en la inversión de los beneficios.

A partir de 1982, el descenso de la demanda ocasionó la necesidad de ajustar los precios con tendencia a la baja. No hemos de obviar que la economía libia depende enteramente de las exportaciones del petróleo crudo y del gas natural, que juntos suponen alrededor del 98% de las exportaciones del país. Por tanto, la renta nacional disminuyó debido al deterioro de la situación mundial del petróleo y la caída del precio, especialmente durante el período 1982-1986, cuando el coste del barril bajó de 40 a 8 dólares. Esta situación dio lugar a la conocida crisis económica que obligó al Gobierno libio a reducir las prestaciones sociales y las inversiones en infraestructuras, con los correspondientes efectos en la economía del país, que persisten hasta la actualidad (al-Gadāmsī, 1998, p. 257).

Hay que señalar que el papel de la Organización de Países Exportadores de Petróleo (OPEP) creció cada vez más en relación a los precios del petróleo crudo.

En octubre de 1973, los miembros árabes de la OPEP declararon un embargo a las exportaciones de petróleo a varios países (en su mayoría occidentales) que apoyaban a Israel, que en ese momento estaba en conflicto con Siria y Egipto.

Para noviembre, la crisis causó una disminución del 7,5% de la producción mundial de petróleo. En enero de 1974, el petróleo crudo procedente del Golfo Pérsico había doblado su precio (Otman, 2008, p. 23).

El precio del crudo de la OPEP está definido por el precio de la denominada cesta de la OPEP[45].

---

[45] La Cesta de la OPEP es uno de los puntos de referencia más significativos para los precios del crudo en todo el mundo. **Se compone por once tipos de crudo, uno por cada país miembro. Su cotización se hace pública un día después del último cierre de los mercados.** Además, está la del Reino Unido Brent, West Texas Intermediate (WTI) y Dubai Crude (Fateh). Estos puntos son indispensables. Véase también: http://www.expansion.com/especiales/petroleo/crudos.html y **OPEC Basket Price: http://www.opec.org/opec_web/en/data_graphs/40.htm.**

Esta cesta es un promedio de los precios de las mezclas de petróleo producidas por los miembros de la OPEP. Aumentando y disminuyendo la producción de petróleo, la OPEP intenta mantener el precio entre máximos y mínimos dados[46].

En 1973 y 1974 la OPEP tomó la decisión de aumentar el precio del crudo, que terminó multiplicándose por cinco.

En el período que va entre 1979 y 1980 los precios crecieron un 150%. Sin embargo, el coste mundial del crudo, que había alcanzado un pico en 1979, en más de 80 $ por barril, disminuyó en la década de los ochenta a 38 $ por barril, descendiendo a los niveles previos a 1973, como consecuencia de un exceso de oferta frente a una escasa demanda de petróleo.

Finalizada la guerra de los 'Seis Días', ocurrida entre el 5 y el 10 de junio de 1967, que enfrentó a Israel con una coalición de países árabes, quedó de relieve el eterno apoyo occidental a Israel, el cual propició que los países árabes miembros de la OPEP formaran, el 9 de enero de 1968, un grupo paralelo llamado Organización de Países Árabes Exportadores de Petróleo (OPAEP)[47], con la finalidad de definir una política petrolera y de ejercer presión hacia los países que apoyaban al Estado de Israel.

Inmediatamente después de la guerra de 'Yom Kippur', que se inició el 6 de octubre de 1973 y que enfrentó a Egipto y Siria contra Israel, Arabia Saudí impuso un embargo petrolero contra Estados Unidos[48], Europa Occidental y Japón.

---

[46] María Ángela Capello, *Análisis Energético*: ¿Cómo se calculan los precios del petróleo? 2016.
[47] Organization of Arab Petroleum Exporting Countries (OAPEC). La OPAEP tiene sede en Kuwait, y sus once miembros actuales son Arabia Saudí, Kuwait, Irak, Argelia, Libia, Bahréin, Qatar, Egipto, Siria, Emiratos Árabes Unidos y Túnez.
[48] La crisis ocasionó medidas para ahorrar combustible. Por ejemplo, en USA la gasolina fue distribuida de acuerdo con el número de la placa de los vehículos.

En ese contexto beligerante, la reacción de la OPEP precipitó el ascenso del precio del petróleo, de 3 a 5 dólares, lo que desestabilizó la economía internacional, algo que se agudizó cuando el precio del crudo se cuadruplicó de octubre a diciembre de 1973, pasando a costar 12 $ el barril (León, 2007, pp. 166-169).

El papel político del petróleo

En 1947 y posteriormente en 1956, los países árabes amenazaron con utilizar el petróleo como arma contra las agresiones de Israel en los territorios palestinos mediante la interrupción del suministro. La primera vez que recurrieron a esta estratagema fue en la, ya mencionada, guerra árabe-israelí de 1973. Los países árabes productores de petróleo decidieron, en Kuwait, reducir la producción de petróleo y las exportaciones de crudo entre el 10% y el 25%. Además, prohibieron la exportación de petróleo árabe a los Estados Unidos por ser aliado de Israel en la contienda contra los árabes. Con la creación de la OPEP, fueron redefinidas las condiciones de explotación del petróleo y el reparto de sus beneficios, en particular en Oriente Medio, convertido en el primer suministrador mundial con una producción de 1.100 millones de toneladas en 1974. La antigua fórmula de contratos se basaba en la concesión, según la cual se otorgaba a una empresa privada el derecho de llevar a cabo cualquier tipo de operación petrolera en un área específica y por una duración determinada. En contrapartida, la empresa pagaba regalías sometidas al régimen fiscal del país anfitrión. Actualmente existen diferentes modalidades de contratación, como los contratos de asociación, participación en la producción y prestación de servicios. Tales convenios tienen una duración de tres a cuatro años para la exploración y de 30 a 40 años para la explotación (Giordano, 2003, pp. 35-57). La historia muestra que las interrupciones temporales de suministro no son una mera hipótesis sino una realidad. Desde 1970, el mundo ha experimentado múltiples interrupciones de una magnitud igual a varios millones de barriles diarios.

La mayoría de ellas estuvieron relacionadas con acontecimientos en países de Oriente Próximo y el norte de África, con la particularidad de que tres de las principales crisis fueron la guerra árabe-israelí de 1973, la revolución iraní de 1978 y la guerra entre Irán e Irak de 1980, las que provocaron cortes de suministro que se vieron acompañados de bruscos e importantes repuntes en el precio del barril.

De lo anterior se infiere que estos conflictos causaron importantes subidas en los precios del petróleo, que, a su vez, aumentaron los ingresos de los países productores, uno de los cuales fue Libia que a causa de estos ascensos en los ingresos experimentó profundos cambios y desarrollo de su sociedad.

Con todo, tales conflictos condujeron a la caída de la producción de petróleo en Irak e Irán.

El resultado de estos acontecimientos consistió en un incremento de los precios del petróleo a casi el doble de su costo a finales de los setenta, pasando su precio real de 34,85 $ en 1978 a 72,40 $ por barril en 1980 (Giordano, 2003, pp. 69-87). Como ya se ha expuesto en líneas anteriores, en los años setenta los precios nominales experimentaron un fuerte incremento, como consecuencia de la guerra y el embargo que impusieron los países árabes exportadores de petróleo[49].

El conflicto árabe israelí dejó como consecuencia la crisis petrolera, la cual causó la reducción del suministro mundial de petróleo en un 9%, según estimaciones de la IEA[50].

---

[49] Véase: GlopalPetrolPrices.com. Historical prices of crude oil: http://www.globalpetrolprices.com/articles/28/
[50] IEA: International Energy Agency.

Después de la reanudación del suministro y la estabilización de los precios en los años ochenta, hubo otro aumento de precios[51] (Otman & Bunter, 2005, pp. 194-217).

Así, se puede establecer una relación de etapas en lo relativo al precio del petróleo en el siglo XX y principio del XXI. La primera de ellas representa la etapa de estabilidad, que comprende desde el fin de la Segunda Guerra Mundial, en 1945, hasta el año 1972.

La segunda etapa, de 1972 hasta 1978, abarca el período de la primera crisis del petróleo de 1973. La tercera etapa, de 1978 a 1985, comenzó con la revolución iraní en 1979 y acabó con el conflicto entre Irán e Irak (León 2007:171-172).

En el precio mundial del petróleo, se puede observar la reacción de los precios del crudo ante los acontecimientos geopolíticos y económicos ocurridos desde 1970 hasta 1985.

Además de los factores mencionados antes, hubo otros elementos importantes que influyeron en el mercado petrolero en dicho período, a saber, el agotamiento de la capacidad de repuesto del petróleo estadounidense y que los saudíes dejaron de jugar el papel de productor alternativo (Otman & Bunter, 2005, pp. 194-217).

En cuanto al rol del Estado libio en la nueva economía, indicar que el régimen de Gadafi se marcó como objetivo de sus planes económicos convertir a Libia en un país industrial y crear una comunidad agrícola autosuficiente.

---

[51] La historia del precio del petróleo es bastante confusa debido a los diferentes datos y valores que dan las distintas fuentes de información, de las cuales muchas son prestigiosos autores profesionales o conocidas webs especializadas, como Global Petrol Prices, U.S. Energy Information Administration (EIA), B.P. Statistical Review, OPEC oil prices, OPEC Annual Statistical Bulletin, The Statistics Portal, Organization of Arab Petroleum Exporting Countries (OAPEC), Oilprice.com y el Fondo Monetario Internacional (FMI). También libros de autores como Maḥmūd ʿAlī al-Gadāmsī 1980, Šukrī Gānim 1985, Waniss Otman & Michael Bunter 2005 y Waniss Otman 2008.

Para llevarlo a efecto, elaboró diversos planes estratégicos como el plan de desarrollo de transición 1970-1972, el plan de desarrollo trianual 1973-1975, el primer plan de transformación quinquenal 1976-1980 y el segundo plan de transformación quinquenal 1981-1984[52]. En la elaboración de estos planes, el régimen del coronel Gadafi asignó 22,5 mil millones de dinares (75 billones de dólares) para el período 1970-1985, de los que se gastaron 20,5 mil millones de dinares (el 90%).

La asignación económica para el primer plan quinquenal fue muy modesta si se compara con la del segundo plan (1973-1975), que superó los siete mil millones de dólares, y la del tercero (1976-1980) que llegó a los veintiún mil millones (Department of Inf. Facts & Figures, 1977, pp. 143-155).

Sin embargo, todos los planes económicos para dejar de depender del petróleo fracasaron en última instancia. Según los indicadores sociales y económicos libios para el período 1970-1983, la contribución del petróleo a los ingresos nacionales aumentó y la de la agricultura bajó.

A pesar de las fuertes inversiones, la agricultura y la industria, a diferencia de la sanidad y la educación, descendieron de modo considerable.

El sector agrícola representaba en 1970 casi el 30% de la contribución económica y en 1984 bajó a menos del 20%[53].

En los años posteriores se elaboraron sucesivos planes quinquenales, aunque sus asignaciones presupuestarias disminuyeron debido al deterioro del precio del petróleo crudo y al asedio impuesto al país (Gānim, 1985, pp. 230-231).

---

[52] Más adelante, en el apartado *Los planes de progreso y desarrollo económico* del capítulo VI, se verá una explicación detallada sobre los mencionados planes estratégicos.
[53] Para ampliar la información, véase: Mousbah Ahmouda. *The Impact of oil Exports on Economic: Growth - The Case of Libya*. 2014.

En cualquier caso, se han hecho grandes esfuerzos para lograr progresos tangibles en todas las áreas relacionadas con la mejora de las condiciones de vida de los libios y su bienestar, especialmente visibles en las de educación, salud, energía, vivienda, medios de comunicación, mecanización de la agricultura y la industria así como en la expansión de la utilización de bienes de consumo duraderos (Ministerio de Información y de Asuntos Culturales: Marcha del hombre, 1976, pp. 150)

La entrada de Libia en la era del petróleo llevó aparejado el abandono progresivo de la mayoría de actividades económicas tradicionales que desempeñaban tanto las tribus libias como los habitantes de las grandes ciudades. El alejamiento de las actividades tradicionales provocó la disminución o abandono de los trabajos artesanales, la agricultura, el pastoreo y aquellos otros negocios que tuvieran que ver con actividades manuales, los cuales resultaron considerados trabajos de baja categoría.

Así surgió la nueva tendencia a trabajar en las petroleras, hacer negocios con el capital extranjero o ser representante de las principales empresas mundiales. Como este nuevo mercado de trabajo era estable, no es de extrañar que la agricultura dejara de ser una actividad económica preeminente para convertirse en un entretenimiento para la gente que tenía tiempo libre y le gustaba el campo.

Este cambio, en la que hasta entonces era la principal actividad económica del país, propició que la renta nacional y regional perdiera competencia y efectividad, al tiempo que todos los productos que se obtenían a través de las actividades abandonadas se hubiesen de conseguir mediante su importación. Los mercados libios se inundaron con todo tipo de mercancías llegadas de todos los rincones del mundo, que tenían precios muy bajos en relación al mayor poder adquisitivo de la población (Ramón, 1982, pp. 143-156).

Desde el inicio de su producción petrolera, Libia consiguió enormes fortunas financieras no vinculadas al esfuerzo, capacidad técnica o nuevas habilidades de sus trabajadores. De esta manera, floreció la idea de que las nuevas economías de renta petrolera conseguían, en un período de tiempo relativamente corto, que grandes sumas de dinero fluyeran hacia las arcas del Estado sin mucho esfuerzo, ya que las condiciones de producción no eran muy exigentes. Por lo tanto, la economía libia tenía en el petróleo su fuente primaria de ingresos para los presupuestos estatales, con los que, desde un principio, pudo elaborar planes de desarrollo que se prolongaron hasta los años ochenta. La renta petrolera adquirió, a través de la exportación, niveles superiores al noventa por ciento de los ingresos totales del país, por lo que su dependencia del oro negro lo convirtió en un Estado rentista, especialmente porque no disponía de ninguna otra actividad económica significativa capaz de aportar ingresos estatales para financiar proyectos de desarrollo local (Astarita, 2013, p. 1).

Para conocer el fracaso de los planes económicos realizados por el Estado, hay que tomarle el pulso a la dependencia libia del petróleo para su sustento. Desde que comenzó la extracción petrolífera en grandes cantidades, el régimen libio no tuvo en cuenta en sus planes de desarrollo la creación de alternativas a su dependencia de este sector, con la excepción de algunos derivados del petróleo que todavía están en fase de crecimiento, a pesar de ser fiables en la diversificación de las fuentes de ingresos nacionales.

En este contexto, no puede separarse la economía de la sociedad y la política, ya que esta supeditación al petróleo no solo destruye las profesiones autónomas y las actividades agrícolas, sino que se extiende a otros ámbitos políticos y sociales relacionados con el deterioro de la ética profesional y la propagación de la dependencia, la resignación, la sumisión y el aumento colosal del aparato administrativo y su burocracia.

Este hecho dio lugar a la aparición de desempleo, pobreza, corrupción, sobornos, extremismo y muchas otras enfermedades y comportamientos que no existían en la sociedad libia anterior al descubrimiento del oro negro.

La responsabilidad de la crisis del estado rentista libio no solo recayó sobre la gestión del régimen, sino que hay que tener en cuenta las dificultades relacionadas con el nacimiento del nuevo Estado libio provocadas por su estrecha relación con la fragmentación colonial, el tribalismo y el regionalismo.

A esto hay que añadir las circunstancias regionales e internacionales que acuciaban al país y las intenciones imperialistas de las potencias extranjeras, que querían fiscalizar la imagen del país y su desempeño político.

Si se analizan los aspectos económicos y el comportamiento tribal y regional de la sociedad, se deduce que la codicia burocrática de los privilegiados y el monopolio del estado rentista propiciaron la marginación de un gran sector de la población y bloquearon todas las posibilidades de movilidad social (Magro, 1999, p. 22).

El Ministerio de Petróleo libio (1970) explica en su libro Libyan Oil 1954-1971:

> Para mostrar las líneas generales de ese rol y las principales características de su influencia en la vida económica y social, es imperativo conocer de cerca el impacto que la industria petrolera total debería haber tenido en otros sectores de la economía nacional [...].

En su capacidad y naturaleza como sector económico evolutivo, se espera que la industria petrolera desarrolle un crecimiento equilibrado de la economía en su conjunto y, al mismo tiempo, mantenga su papel principal y global solo como fuente de financiamiento para otros sectores de la economía, pero también en su capacidad como fuente de varias industrias que podrían influir en otros sectores económicos y verse afectados por ellos. La economía nacional en general estuvo marcada por un subdesarrollo terrible a principios de los años cincuenta. Esto se demostró por el bajo ingreso per cápita y la población que vive en el nivel de subsistencia, si no por debajo de ese nivel (p. 121).

La crisis petrolera y la consecuente caída del excedente petrolero significaron una crisis estructural sin precedentes para la economía libia, que tuvo efectos profundos y crecientes en su política y su equilibrio social.

Como se ha expuesto, Libia no posee una base económica alternativa a la petrolera y ahora su economía está más vinculada que en el pasado al marco económico internacional. Esto lo convierte en un país más dependiente, vulnerable y frágil ante las contingencias de la economía mundial, por lo que más que una economía dependiente, ahora es una economía cautiva, con lo que ello supone de negativo para la evolución de la democracia y la adaptación de la sociedad nacional.

Los dos grandes exportadores de gas natural (Libia y Argelia) han acabado desaprovechando la bonanza energética del período comprendido entre 1970 y 1980 (Laurent, 2009, pp. 113-125).

También el petróleo tiene mucha influencia en las relaciones internacionales, y si tomamos como ejemplo las relaciones entre España y Libia, se puede afirmar que, a pesar de que estas relaciones han sido marginales en política exterior, España y Libia fueron y aún son socios comerciales importantes en el sector energético desde 1960. A mediados de la década de 1975, las relaciones entre los dos países se fortalecieron mucho más, pero dichas relaciones sufrieron una recesión hasta 1985 cuando la intervención de la petrolera española Repsol jugó un papel decisivo en la restauración de las relaciones normales con Libia. La petrolera española consiguió llegar a un acuerdo de compensación entre los bancos centrales en España y Libia para compensar la deuda del Gobierno de Libia con las empresas españolas. Jesús Jurado Anaya (2012) afirma que:

> En el marco de la revolución de las masas desencadenada en Libia siguiendo las indicaciones de Gadafi, el 5 de septiembre de 1979 la Embajada libia en Madrid fue asaltada por centenares de personas de nacionalidad libia que cesaron de sus cargos a los representantes diplomáticos, convirtiendo el establecimiento en una Oficina Popular regida por un consejo de jóvenes estudiantes. [...] En 1984 se organizó en Madrid un Congreso Mundial sobre el Libro Verde, en el que Gadafi participaría a través de una costosa videoconferencia vía satélite, y que contaba con la asistencia de Ahmed Shahati, exministro libio de Exteriores y director del Centro Internacional de Estudios sobre el Libro Verde. El evento sería organizado y financiado al 100% por las autoridades culturales libias en las instalaciones de la Universidad Autónoma de Madrid. La elección de dicha universidad respondía a las relaciones existentes entre su rector Pedro Martínez Montávez y el propio Gadafi, que se habían conocido el año anterior en un congreso similar en Bengasi.

El acto, en cualquier caso, formaba parte de la estrategia propagandística de Gadafi, que pretendía legitimar sus polémicas actuaciones en el plano internacional con la puesta en valor de su "Tercera Teoría Universal" recogida en el Libro Verde [...]. Las subidas han crecido sustancialmente desde principios de los años ochenta, compensando parcialmente el desequilibrio en la balanza de pagos entre los dos países. Sin embargo, desde 1985 las exportaciones españolas han estado cayendo por varias razones. La resolución insatisfactoria de la mencionada crisis comercial de 1984-1985 fue una razón convincente para que las empresas españolas dejen de invertir en el mercado libio, pero no fue la única. Los efectos del estancamiento económico en Libia a raíz de la caída de los precios del petróleo ya se han puesto de manifiesto en los últimos años, un fenómeno que produciría una profunda crisis en las finanzas del país y se añadiría a los problemas de la economía centralizada Libia: ineficiencias, productividad, pobre asignación de recursos, altos costos de mano de obra [...]. La incertidumbre sobre el futuro político del país después del bombardeo estadounidense tampoco favoreció una implicación más profunda de las empresas españolas (pp. 117-119).

Como se puede observar en el gráfico titulado *Flujos comerciales España-Libia (1975-1985)*, en 1975 las exportaciones españolas a Libia fueron mayores que las importaciones, en cambio desde 1976 hasta 1979 las exportaciones españolas a este país sufrieron un fuerte deterioro, mientras las importaciones libias hacia España aumentaron de manera exponencial. En 1980 las exportaciones españolas a Libia se recuperaron y volvieron a subir a buen ritmo, pero este incremento no alcanzaba el de las importaciones de productos libios, con lo que la balanza comercial se decantó claramente a favor de Libia.

VIII. Hitos cronológicos de Repsol en Libia

Los descubrimientos más importantes de Repsol y el protagonismo de los méritos entre Repsol y la NOC, es totalmente visible en la siguiente cronología.

Uno de los más destacados hallazgos de petróleo se produjo en noviembre del **año 2000**, con un pozo de petróleo de una capacidad de producción de 2.500 barriles por día en el campo petrolero que Repsol está desarrollando junto con las compañías petroleras nacionales libias y el OMV de Austria y Total.

En marzo de 2001, Repsol, con la participación de un consorcio[54] de varias compañías, descubrió el segundo yacimiento importante de petróleo en campo petrolero libio, ubicado a 800 km al sur de la capital de Trípoli. La producción de ese pozo de petróleo ascendía a 1.300 barriles por día de petróleo crudo.

En mayo de 2003, Repsol inició el proceso de la segunda fase exploratoria, en el campo de Al-Sharara, del pozo I1-NC186 y realizó un nuevo descubrimiento de crudo ligero dentro del bloque de la cuenca de Murzuq, a 800 kilómetros al sur de Trípoli, en el desierto del Sahara.

En 2003, Repsol se perfila como una de las mayores petroleras privadas de Libia, con una producción aproximada de 250.000 barriles al día y unas reservas superiores a los 70 millones de barriles. Libia es el tercer país productor de África, con unas reservas estimadas en cerca de 42.000 millones de barriles.

En 2005, Repsol descubrió un valioso pozo en la misma región de Murzuq, cuyas reservas se estimaron en 1.200 millones de barriles, con capacidad de producir 90 mil barriles por día. El campo se extiende a través de los sectores 186 y 115 en la cuenca de Murzuq.

Como se ha expuesto, Repsol está presente en Libia desde los años setenta y es una de las principales compañías extranjeras. De hecho, uno de sus proyectos en el país, el del campo I/R, con inversiones de 100 millones, forma parte de las diez actuaciones clave de su plan estratégico.

El campo I/R se localiza en los bloques NC 115 y NC 186, en la cuenca de Murzuq, y podría albergar 1.261 millones de barriles de petróleo, con unas reservas recuperables de 474 millones de barriles. Su potencia de producción es de 90.000 barriles al día. Este yacimiento, descubierto **en 2006**, es uno de los mayores descubrimientos de Repsol en su historia y el mayor de los realizados en Libia en los últimos diez años.

A mediados de abril de 2007, Repsol emitió un comunicado anunciando el hallazgo de un enorme campo petrolero en Libia con una capacidad de 474 millones de barriles. La declaración decía que este «enorme campo petrolero» ubicado en la cuenca de Murzuq, en el sur de Libia, permitirá a Repsol duplicar su producción y reservas en Libia, subrayando que era el mayor campo petrolífero descubierto por el grupo hasta la fecha.

Un día después, Libia negó el anuncio del grupo español Repsol, que confirmó el descubrimiento del mayor yacimiento de petróleo en Libia. El Dr. Shukri Ghanem, jefe de la National Oil Corporation (NOC), afirmó que «Repsol se apresuró a anunciar el tamaño del descubrimiento, la cantidad de las reservas y la posibilidad de comercialización o no, ya que el descubrimiento aún está sujeto a evaluación y estudio». En el desmentido, el Dr. Ghanem enfatizó que «a pesar del descubrimiento de petróleo en la cuenca de Murzuq, la NOC no puede confirmar lo que Repsol anunció, lo cual pudo haber sido con fines puramente comerciales».

---

[54] Repsol participa en el campo de Al-Sharara con un consorcio de varias petroleras que son la libia NOC, la francesa Total y la austriaca OMV.

El 21 de abril de 2007, el Dr. Shukri Ghanem, jefe de la NOC en Libia, indicó que la compañía española Repsol había descubierto petróleo en dos pozos de exploración en la cuenca libia de Murzuq, y explicó que el primer pozo producía 334 barriles de petróleo por día, mientras que el segundo lo hacía en 589 barriles por día. Añadió que los dos pozos estaban ubicados en la concesión 200.

El anuncio del descubrimiento se produjo después de una reunión entre la NOC y Repsol. El comunicado agregó que la NOC adoptó el plan Repsol para aumentar su producción en alrededor 400 mil barriles **para 2010** de 265 mil barriles producidos actualmente por los dos sectores.

A mediados de 2007, el presidente de la NOC, Dr. Shukri Ghanem, obligó a las petroleras extranjeras que operaban en el país a cambiar sus antiguos nombres por otros locales inspirados en las características geográficas, históricas o patrimoniales de Libia.

El doctor esgrimió que Libia poseía el 80% de las acciones de estas compañías y que, por lo tanto, sería más lógico que tomasen nombres locales del país, o sea, ser llamadas por nombres libios así como adoptar símbolos nacionales que reflejasen su condición de compañías operativas en aquel territorio.

La compañía francesa Total oil cambió su nombre por el de Al-Mabrouk Oil, mientras que la compañía española Repsol oil operation se llamó Akakus oil operation en relación con las montañas de Akakus, que se encuentran en el sur de Libia.

En cuanto a la empresa italiana Eni Gas, eligió el nombre de Mellitah Gas, según la ubicación donde opera. El nombre de la empresa VIBA se convirtió en Al-Haruj Oil Operations. También **en 2007** el Dr. Ghanem obligó a las petroleras internacionales a nombrar en sus oficinas de Libia a un libio como subdirector general de sus sucursales.

En Repsol Exploration Muruq S.A. (REMSA) nombraron al ingeniero libio Sr. Mehdi Samama como subdirector general. Repsol, presente en Libia desde los años 70, ha comenzado **en 2008** la producción en el megacampo I/R, el mayor descubrimiento de petróleo en Libia de la última década, realizado por Repsol **en 2006**.

El 16 de mayo de 2008, el programa de la televisión española *En Portada* visitó Libia para filmar un documental sobre el país desde y sobre las actividades de Repsol en aquel lugar.

El equipo del programa estuvo en las oficinas de Remsa, donde mantuvo una larga entrevista con su director general, también visitaron el campo petrolífero Al-Sharara en la cuenca de Murzuq y recorrió sus instalaciones un par de días.

En junio de 2008 Repsol firmó una extensión hasta 2032 de sus contratos de operación y exploración en Libia en los bloques NC186 y NC115. La prórroga acordada con NOC[55], suponía para Repsol una inversión de 2.000 millones de dólares para alcanzar una producción de 380.000 barriles de petróleo al día. Este aumento de producción representaba una importante contribución al objetivo de NOC de duplicar su producción hasta los 3 millones de barriles en el futuro.

El 17 de julio de 2008, NOC firmó dos nuevos EPSA (Acuerdo de exploración y producción compartida) con Repsol, Total, OMV y Saga que incluía los dos bloques NC 115 y NC 186 que estas compañías comparten con NOC. Los acuerdos surgieron como resultado de diversas negociaciones que tuvieron lugar con estas empresas para modificar y mejorar los términos de los anteriores acuerdos. Los artículos de estos convenios detallaron la inversión de más de 4 mil millones de dólares en exploración y desarrollo que contenía cláusulas sobre el medio ambiente y la capacitación del personal libio, además del pago de la firma de 1000 millones de dólares en bonos.

---

[55] NOC (National Oil Corporation) la Compañía Nacional del Petróleo de Libia.

Estos acuerdos entraron en vigor a partir del **1 de enero de 2008**. El pacto fue rubricado por el Dr. Shokri Ghanem, presidente de NOC, y el Sr. Antonio Brufau, presidente de Repsol. A la ceremonia de la firma asistieron destacados miembros del Comité de Dirección de NOC y de los equipos de negociación de otras compañías, el presidente del Comité de Propietarios, junto a otros altos funcionarios de la NOC y las restantes compañías petroleras.

El día 13 de agosto de 2008, Remsa inició la exploración de su primer pozo en el mar (OFFSHORE) en la costa libia, en el bloque NC202, ubicado en el golfo de Sirte, donde Remsa cuenta con los bloques NC201 y NC 202. Mediante la perforación del primer pozo denominado A1 'NC202 (Barracuda), Remsa quería probar la existencia de hidrocarburos en esta área.

En 2008, el negocio principal de Repsol crece un 20%. Este negocio, compuesto por las unidades Upstream, Downstream y LNG, registró ingresos por operaciones de 3.627 millones de euros, un 20% más que en los primeros nueve meses **de 2007**.

El Plan Estratégico del 2008 al 2012. El presidente de Repsol YPF, Antonio Brufau, presentó **en febrero 2008** el Plan Estratégico **2008-2012**, que establecía los principales vectores de crecimiento de la compañía para los siguientes años en base a diez proyectos clave de crecimiento que representan el 60% de la inversión en el negocio principal hasta **2012** (12.3 billones de euros). El nuevo plan, descrito por Brufau como «ambicioso y realista», exigía una inversión total de 32.800 millones de euros para aumentar los ingresos netos en 2,8 veces para 2012, el EBITDA en 1,8 veces y los ingresos operativos en 2,1 veces.

El inicio de producción en el campo I/R en Libia: En el segundo trimestre, Repsol comenzó la producción en el campo I/R en Libia, uno de los diez proyectos clave descritos en el plan estratégico **2008-2012**. La producción actual es de 16,000 b./día y se espera una producción de meseta de 90,000 b./día.

Del 3 al 8 de noviembre de 2008, Remsa recibió la visita de un periodista de El País y de su fotógrafo para escribir un artículo sobre la situación de Repsol en Libia. El objetivo de este encuentro fue observar de cerca las actividades de Repsol en Libia, uno de los países más importantes que operan desde principios de los años setenta. *La Aventura del petróleo* fue el título del artículo publicado por el diario El País, **el 4 de enero de 2009**, escrito por el periodista Jesús Rodríguez e ilustrado por el fotógrafo Alfredo Cáliz. Durante su estancia, ambos tuvieron la oportunidad de visitar las instalaciones de Repsol en el desierto de Libia y de hablar con varios miembros del personal de Remsa. El artículo con 12 páginas fue publicado en el suplemento dominical del periódico español El País, como se ha dicho.

El 28 de noviembre de 2008, Repsol patrocinó el torneo de golf TDGC en la ciudad de Djerba (Túnez), el evento fue un gran éxito con 44 jugadores representando a más de 12 nacionalidades de más de 10 empresas.

El clima fue muy agradable para los jugadores ya que el anfitrión del torneo, Remsa, ofreció suculentos premios y regalos para todos los participantes. Durante la competición, Remsa exhibió un equipo muy fuerte que logró demostrar un buen nivel deportivo. La ceremonia de entrega de trofeos tuvo lugar por la noche, donde se entregaron los galardones a los ganadores de las diferentes categorías.

En enero de 2009, Gadafi anunció que estaba estudiando la nacionalización de las empresas de petróleo extranjeras. La prensa española rápidamente se hizo eco de la noticia anunciando que Repsol en Libia sería nacionalizada. El líder libio, Muammar al Gadafi, confirmó que su país barajaba la nacionalización de las empresas de petróleo extranjeras, señalando que era «posible» que no pudiese cumplir con el recorte de la producción acordado en diciembre por la OPEP, según los medios libios.

En enero de 2009, el coronel Gadafi, en un discurso vía satélite para la Universidad de Georgetown, aseguró que «Libia está estudiando la nacionalización de las empresas extranjeras de petróleo debido a la caída de los precios del crudo». Los diarios libios explicaron que el líder Gadafi defendía las riquezas libias y abogaba por controlarlas por los propios libios, evitando dejarlas en manos de empresas extranjeras.

El día 22 de enero de 2009 y a raíz de la declaración de Gadafi, Repsol restó credibilidad a la posibilidad de que el Gobierno libio nacionalizase la actividad de las petroleras extranjeras, al tiempo que aseguró que mantenía excelentes relaciones con las autoridades libias, y que la empresa no había recibido ninguna notificación acerca de un posible plan de Gadafi para nacionalizar las petroleras extranjeras.

En abril de 2009, Repsol realizó su primer descubrimiento *offshore*[56] de hidrocarburos en la costa de Libia, donde la compañía tiene una importante presencia. El hallazgo fue el primer descubrimiento en el bloque *offshore* NC202. El pozo, que alcanzó una profundidad de 4.820 metros, con una lámina de agua de unos 50 metros, es el primero realizado en el bloque NC 202 ubicado en la cuenca de Sirte, a unos 15 km de la costa, cuya concesión adjudicó NOC a Repsol con una participación del 60%, y a su socio la compañía austriaca OMV con el 40% restante en noviembre de 2003. Las pruebas iniciales realizadas en el pozo a una profundidad de entre 1.354 y 1.367 metros, arrojaron caudales de 1.264 barriles/día de crudo 26º API, además de 16.400 metros cúbicos de gas al día.

El viernes 23 de enero de 2009, el presidente de Repsol Antonio Brufau visitó las oficinas de Remsa en Libia para tener una reunión de negocios con el director general y los gerentes de los distintos departamentos, con objeto de abordar temas relacionados con las actividades de Repsol en Libia y los nuevos cambios económicos en todo el mundo.

---

[56] Descubrimiento en alta mar.

Los días 23 y 24 de enero de 2009, su Majestad el Rey de España Juan Carlos I llegó a Libia en su primera visita oficial, en respuesta a una invitación extendida por el líder libio Muammar Al-Gadafi. Al encuentro de Gadafi y el monarca asistió una delegación de líderes empresariales españoles y libios, entre los que se hallaba Antonio Brufau[57] y el Dr. Shukri Ghanem[58]. La visita real buscaba fortalecer los lazos, particularmente en las áreas de petróleo y gas. Gadafi declaró que la relación entre España y Libia era muy fuerte y profunda, y aclaró que la cooperación económica existente entre ambos países era enorme.

Al respecto, en las reuniones hablaron de la participación petrolera, donde la compañía española Repsol producía más de 300,000 barriles por día, además de las otras compañías españolas que trabajaban en las áreas de construcción e infraestructura.

En el encuentro entre ambos jefes, también dialogaron sobre la promoción de proyectos de cooperación en las áreas de la agricultura y las energías renovables, especialmente las del viento y el sol, y firmaron un memorando de entendimiento entre ambos países en el área de las energías renovables, ya que Libia es uno de los países más ricos en energía solar y España uno de los estados con más experiencia en el área.

El lunes 23 de febrero de 2009, la televisión española (TVE) entrevistó en Trípoli (Libia) al director general de Remsa. El tema de la reunión fue sobre la historia de Repsol en Libia y sus actividades de exploración. La entrevista fue realizada para el programa 24 Horas de TVE Internacional.

---

[57] Antonio Brufau Niubó (Mollerusa, 1948), presidente de Repsol.
[58] Shukri Mohammed Ghanem (Trípoli, 1942), presidente de la corporación nacional de petróleo (NOC).

En marzo de 2009, se produjo el anuncio de un descubrimiento de petróleo en el pozo de la exploración A1-NC202 en la costa libia. Repsol, junto con OMV, informó que había perforado el pozo A1-NC202 New Field Wildcat en el núcleo Costa Afuera en la cuenca de Sirte. El pozo está ubicado aproximadamente a 15 km al oeste de la costa, y a 40 km al suroeste de la ciudad de Benghazi. El pozo se perforó a una profundidad total de 15815 pies en aguas de alrededor 50 metros. Este pozo representa el primer hallazgo en el bloque NC202, que fue otorgado por la NOC **en noviembre de 2003**.

Repsol Exploración Murzuq perforó el pozo como operador bajo un acuerdo EPSA con NOC con intereses distribuidos de la siguiente manera: Repsol Exploracion Murzuq (21%) como operador y OMV Oil and Gas Exploration GmbH (14%).

El 3 de febrero de 2011, pocos días antes de las revueltas, el Dr. Shukri Ghanem, presidente de la NOC, se reunió con el consejero delegado del grupo español Repsol Sr. Josu San Miguel[59], el director de la sucursal de la compañía en Libia (Remsa) y el equipo acompañante en presencia de altos cargos de la NOC. En la cita hablaron de aumentar la producción y las reservas, además de realizar una serie de contribuciones en la implementación de proyectos de desarrollo sostenible, responsabilidad social y la capacitación de cuadros libios en especializaciones técnicas y administrativas relacionadas con la industria petrolera.

El 17 de febrero de 2011 comenzó la revolución de la primavera árabe en Libia, motivo por el que la llaman la revolución del 17 de febrero. En este contexto sedicioso sumado a las amenazas de Gadafi de reducir las exportaciones de petróleo, con las obvias repercusiones para España, dijo el presidente de la compañía petrolera española (Repsol), Antonio Brufau, que la actividad de la compañía en Libia no se detendría, pero lo cierto es que la producción disminuyó a la mitad.

---

[59] Josu Jon Imaz San Miguel es el consejero delegado de Repsol.

El presidente señaló, en una conferencia de prensa, que algunos de los trabajadores de la compañía todavía se hallaban en Libia, y subrayó que se estaba trabajando para evacuarlos a la mayor brevedad.

A pesar de la dificultad de esta tarea, es de destacar que las principales compañías petroleras como Total, Eni, BP y Statoil comenzaron a evacuar a sus trabajadores de Libia. Brufau afirmó que la producción de la compañía ascendió a 160 mil barriles por día, lo que equivale a la mitad de la producción antes del estallido de la crisis el 17 de febrero.

El presidente enfatizó que el conflicto arrojaría una sombra sobre las cuentas de la compañía, al tiempo que expresó su preocupación por la situación de los ciudadanos libios junto con los empleados de la compañía en el país árabe.

El 23 de febrero de 2011, la prensa decía que la insurrección libia había hecho saltar todas las alarmas y que el día precedente empezó a tomar cuerpo la hipótesis de posibles problemas de suministro, sobre todo en España e Italia, lo dos países con mayores intereses en el país de Gadafi. Repsol suspendió *sine die* su actividad en Libia, mientras el precio del petróleo tipo Brent se situaba en casi 106 dólares, después de tocar los 108,58, su nivel más alto desde **octubre del 2008.**

Ese mismo día, un portavoz del grupo Repsol confirmó la suspensión de las actividades de Repsol en Libia después de evacuar a sus empleados extranjeros de este país debido a la violencia que comenzó a extenderse por todo el territorio, debido a los enfrentamientos violentos entre las fuerzas del gobierno y los manifestantes que exigían la caída del régimen del coronel Gadafi y sus servicios de seguridad.

Tales disturbios provocaron la muerte de cientos de ciudadanos, según organizaciones internacionales de derechos humanos. Los empleados extranjeros de Repsol que trabajaban en Libia oscilaban entre 50 y 60 empleados, y fueron evacuados con sus familias, elevando el número de extranjeros evacuados por la compañía a unas 200 personas.

El día 25 de febrero de 2011, la producción de Repsol en Libia se redujo a la mitad. Repsol suspendió sus operaciones en Libia entre finales de febrero y primeros del mes de marzo. El valor de los activos de Repsol en Libia era de 650 millones de dólares.

A mediados de **febrero de 2011**, Repsol YPF suspendió su actividad en Libia ante el agravamiento de la situación.

En julio de 2011, Repsol reanudó su actividad en Libia, gracias a lo cual ganó un 0,4% más que en el **primer semestre de 2010,** pese los estragos de la guerra civil en este país.

El día 7 de septiembre de 2011, un portavoz de la petrolera española Repsol anunció que su compañía había enviado una delegación a Libia para discutir la reanudación de las operaciones de Repsol allí lo antes posible. El portavoz de la compañía dijo: «Ayer enviamos representantes a Libia para participar en las reuniones que se llevan a cabo con respecto al regreso a la normalidad. Esperamos reanudar las operaciones lo antes posible».

El día 6 de diciembre del 2011, Repsol volvió al 60% de su producción de antes de la guerra en Libia.

El 10 de mayo de 2012, a pesar de lo sucedido en Libia, Repsol logró ganancias que superaron las expectativas en el primer trimestre de su año fiscal, lo que alivió las dudas sobre la capacidad de la compañía para financiar sus proyectos de desarrollo a medio plazo. El aumento en los ingresos de la compañía fue debido al alza en el precio del petróleo, a una recuperación de la producción en el país norteafricano y a un incremento en el volumen de la demanda de GNL en Asia.

En octubre de 2012, como parte de la campaña del país para identificar cuerpos sin nombre de los caídos en las batallas entre el régimen de Gadafi y la revolución, se firmó un Memorando de Entendimiento entre Repsol y el Ministerio libio de Asuntos de las Familias de los Mártires y Personas Desaparecidas (MFMM). A raíz de una solicitud del ministerio de ayuda para la creación de un laboratorio forense en Trípoli para identificar cuerpos desconocidos, el gigante petrolero español prometió su apoyo y el acuerdo se firmó a finales de septiembre. El paquete de donaciones de Repsol contenía equipos y servicios que se podían utilizar en el nuevo centro forense en Trípoli que establecería el MFMM. Mediante pruebas de ADN, el centro trataría de acotar la identificación de hombres y mujeres que desaparecieron antes y durante la revolución. Repsol acordó con el Gobierno libio hacer su contribución al proyecto mediante la donación de un paquete completo de equipos y servicios a través de un contrato específico y de órdenes de compra con terceros. El acuerdo entre Repsol y el MFMM comenzó con la creación de un laboratorio y siguió con la capacitación del personal.

En diciembre de 2012, las protestas se intensificaron en la ciudad de Ubari, en el sur de Libia, muy cercana al campo petrolífero de Al-Sharara, donde opera Repsol, el cual detuvo su actividad debido al creciente número de manifestantes que exigían abrir una sucursal de la compañía en la región y satisfacer muchas necesidades básicas. A la luz de la continua sentada y de la incapacidad del gobierno para responder a las enardecidas demandas de los manifestantes, las protestas aumentaron aún más, lo que condujo a la suspensión de todos los demás campos de petróleo y gas en la región, incluido el campo de Al-Feel (Eni), que es el núcleo de gas más grande del país y muy próximo al de Al-Sharara (Repsol).

A mediados del 2013, Repsol realizó un descubrimiento de petróleo muy ligero y de alta calidad en la cuenca de Murzuq, en Libia. En esta área, «Repsol continuará con su campaña exploratoria que inició a principios del 2013 y que se espera que concluya a finales de 2015», informó en su día la agencia de noticias EFE.

En octubre de 2013, la compañía Repsol difundió que su producción en el campo de Al-Sharara en Libia había recuperado entre 330 y 350 mil barriles por día después de las recientes protestas en el oeste del país. Además, Repsol expresó su interés en seguir desarrollando la producción en Libia, a pesar de la continua escalada de inestabilidad que azotaba al país.

El 7 de noviembre de 2013, los beneficios de Repsol disminuyeron debido a las fluctuaciones de la producción en Libia y la crisis europea.

El día 22 de febrero de 2014, los manifestantes cerraron la totalidad del campo petrolero de Al-Sharara en Libia. La NOC anunció que, en efecto, el oleoducto del campo de Al-Sharara había sido cerrado por completo. Dado que la capacidad de producción de este núcleo era de 350 mil barriles por día, las pérdidas diarias llegaron a cuantificarse en alrededor de 34 millones de dólares. En este clima, los manifestantes cerraron parcialmente una tubería cerca de la ciudad occidental de Zintan, que se extiende desde el campo hasta el puerto de Al-Zawia.

A primeros de mayo de 2014, la producción petrolera en Libia fue solo de 250.000 barriles por día debido a que el yacimiento clave, que es el campo de Al-Sharara controlado por Repsol, fue cerrado por grupos tribales de la zona.

Este enclave ubicado en el suroeste del país, producía aproximadamente 340.000 b/d y la producción se quedó sin reanudarse debido a las protestas por los problemas financieros y políticos que asolaban al país.

A mediados de julio de 2014, Eni y Repsol retiraron a sus empleados extranjeros de Libia a raíz de la creciente violencia en la capital (Trípoli). Esta espiral de violencia fue la peor en seis meses y amenazó de forma severa la producción de petróleo libia. Eni y Repsol fueron los mayores perjudicados, al ser también los mayores inversores en la producción de petróleo y gas en Libia.

El 16 de diciembre de 2014, Repsol compró Talisman Energy por 13 mil millones de dólares. Esta adquisición aumentó las actividades de exploración y producción de Repsol para compensar la incautación de sus actividades en Argentina **en 2012.** Algo que contribuyó a reducir la dependencia de la compañía en la producción de áreas de alto riesgo como Libia. La misma empresa dijo que el acuerdo lograría beneficios anuales de $ 220 millones.

En febrero de 2015, Repsol estuvo considerando retirarse de Libia debido al caos de seguridad liderado por las milicias extremistas, incluida la organización terrorista ISIS. Repsol declaró que no estaba segura de si podría volver a Libia en el futuro. La compañía pidió a los empleados que trabajaban en el campo de Al-Sharara que no regresaran a Libia, y no tenía claro si podrían regresar en el futuro o no.

Los libios han advertido que la retirada de la empresa española profundizará las heridas de la economía libia y empujará hacia una disminución de la producción, incluso puede ser un preludio de la retirada de otras compañías internacionales, algunas de las cuales todavía están activas, mientras que otras han suspendido temporalmente las operaciones de extracción.

En la actualidad, Libia se enfrenta a una grave crisis financiera con su producción y los ingresos petroleros cayendo a niveles récord de más de un millón de barriles por día antes de la caída del régimen de Gadafi, a 350,000 barriles por día ahora, una cantidad que también es probable que disminuya si las batallas continúan cerca de los campos y puertos petroleros. Tal como se ha expuesto, Libia depende totalmente de los ingresos del petróleo para financiar el presupuesto y pagar los salarios de los empleados.

Las advertencias libias se producen en medio de los temores internacionales de que los campos petroleros libios caigan en manos de las milicias extremistas, lo que significa, en la práctica, que la producción se detendrá por completo.

A mediados de febrero de 2015, la mayoría de las instalaciones petroleras en Libia dejaron de funcionar. El Josu Jon Imaz San Miguel, director ejecutivo de Repsol, afirmó que tenía pocas esperanzas de reanudar la producción en Libia en poco tiempo. «A corto plazo, no tenemos grandes esperanzas… Es un problema no solo para Repsol sino también para Europa». Y continuaba su discurso diciendo: «A corto plazo, todo lo que puedo decir es que tenemos problemas de seguridad».

La mayoría de los campos petroleros en Libia dejaron de operar debido al conflicto entre un gobierno internacionalmente reconocido en el este y un general que tomó el control de Bengasi, capital del oeste, y que contaba con el apoyo de un parlamento, también internacionalmente reconocido, y un gobierno paralelo al de Trípoli.

A finales de febrero de 2015, el Sr. Josu[60] Jon indicó que Repsol no contemplaba una oportunidad para reanudar la producción de petróleo en Libia en el corto plazo, y añadía que «no tenemos grandes esperanzas».

El 28 de marzo de 2016, Repsol sufrió una parada de su producción en el campo petrolífero de Al-Sharara, que duró hasta el 2 de abril.

En abril de 2016, el ministro español de Asuntos Exteriores, José Manuel García Margallo, visitó Trípoli y anunció durante su viaje que cuando las condiciones de seguridad lo permitieran, Repsol retomaría su trabajo en el campo de Al-Sharara. Según el ministro, el Ejecutivo español consideraba una «prioridad política» el regreso a Libia de la petrolera española Repsol y añadía que había acordado poner en marcha comités técnicos para hacerlo realidad lo antes posible.

El 9 de abril de 2016 Repsol sufrió otra parada de producción en el núcleo de Al-Sharara, que duró hasta el 27 del mismo mes, en la producción debido a una serie de causas externas.

---

[60] **Josu** Jon Imaz San Miguel es Consejero Delegado de **Repsol** desde abril de 2014.

Las continuas interrupciones siguieron suspendiendo y reanudando la actividad de forma intermitente.

De hecho, la producción libia continuó interrumpida durante todo **el año 2016** hasta su reinicio a mediados de diciembre. Cabe destacar que el campo de Al-Sharara se volvió a abrir después de un largo cierre a **finales de 2016**, pero ha dejado de funcionar varias veces desde entonces debido a las protestas de los guardias y a otros factores de la crisis en Libia.

En septiembre de 2016, las fuerzas leales al Ejército Nacional de Libia, lideradas por Khalifa Haftar, tomaron el control de los puertos, permitiendo que la producción se reanudara y la actividad petrolera se recuperara. Sin embargo, la producción se ha mantenido algo inestable desde entonces, de acuerdo con el control de las facciones en competencia: una facción cierra las tuberías y otra vuelve a abrirlas, pero en general la producción ha mostrado una tendencia al alza.

En diciembre de 2016, la actividad se vio impulsada principalmente por la reapertura del campo de Al-Sharara, que tenía una capacidad de producción nominal de aproximadamente 270,000 barriles por día.

El 20 de diciembre de 2016, Repsol volvió a restablecer su producción en Libia y se reinició la producción en el campo A del bloque NC-115. El 21 de diciembre, también en el bloque NC-115, se puso en marcha nuevamente la producción en el campo M.

El 26 de diciembre se retomó la producción en el campo H y **el 28** del mismo mes en el norte del campo H. Así, el trabajo siguió sin interrupciones y con relativa normalidad.

A fecha de 31 de diciembre de 2016 Repsol poseía en Libia derechos mineros sobre cuatro bloques. De estos, dos bloques son de exploración y suman una superficie neta de 3.132 km^2. Los otros dos bloques de producción/desarrollo tienen un área neta de 1.566 km^2.

El 4 de enero de 2017 se reanudó la producción en el campo I/R (Bloques NC-186 y NC-115).

El 26 de marzo de 2017 volvió a suspenderse la actividad en el campo de Al-Sharara por las presiones de las milicias locales, que exigían el pago de salarios atrasados.

En el primer trimestre de 2017, Repsol estuvo en la cabeza de lista de los mayores productores extranjeros, con una producción total de 15 millones de barriles en ese período, debido en gran parte al reinicio de los trabajos en el campo de Al-Sharara. Por su parte, Eni ocupó el segundo lugar en el *ranking* seguido por Total y Wintershall.

El 3 de abril de 2017, el campo de Al-Sharara volvió a retomar su actividad. Repsol reanudó los trabajos cinco días después de que fuera bloqueado y suspendido por milicias locales que exigían el pago de los salarios atrasados.

El 5 de mayo de 2017, Repsol declaró que Libia y Venezuela contaban con una situación de inestabilidad geopolítica, pero aseguró que la compañía preveía seguir operando con normalidad en los dos países mencionados. La petrolera española se mostró confiada en que si se mantenía la normalidad en Libia, la producción podría estabilizarse en unos 30.000 barriles de petróleo diarios en 2018.

El 30 de mayo de 2017, la NOC anunció que Repsol estaba ultimando un plan integral para desarrollar campos petroleros en las áreas de concesión de la compañía con objeto de aumentar la producción, así como apoyar programas de desarrollo sostenible en zonas adyacentes a los campos y brindar asistencia en las áreas de capacitación y rehabilitación.

En el primer semestre de 2017, la producción de petróleo alcanzó alrededor de 900,000 barriles por día.

A primeros de julio de 2017 se logró un acuerdo con la compañía alemana Wintershall, que se tradujo en al menos 160,000 barriles por día.

En julio de 2017, debido a los bajos gastos en infraestructura, los altos precios del petróleo y la reanudación de la producción de petróleo libia, Repsol registró un aumento en sus ganancias trimestrales. El beneficio neto de la compañía para el período de abril a junio ascendió a 367 millones de euros (428 millones de dólares), un incremento del 79% en comparación con el mismo período de 2016. Sin embargo, el campo de Al-Sharara siguió experimentando cortes frecuentes.

Por ejemplo, la producción disminuyó en agosto de 2017 a raíz de las brechas de seguridad. Conviene recordar que este núcleo es operado por Akakus, una empresa conjunta entre la Corporación Nacional de Petróleo de Libia (NOC), la española Repsol, la OMV de Austria, Total y la noruega Statoil.

En la primera mitad de 2017, los precios mundiales del petróleo excedieron los 50$ por barril después de que la Organización de Países Exportadores de Petróleo (OPEP) decidiera a fines del año anterior reducir la producción por un período de seis meses para mantener los precios.

El 6 de marzo de 2018, la NOC anunció la reanudación de la producción en el campo petrolero de Al-Sharara después de un paréntesis de más de 24 horas después de que el propietario de un terreno cerrara una válvula con una tubería que atravesaba su tierra. Según la corporación, el valor de las pérdidas de Libia debido al cierre del campo alcanzó los treinta millones de dólares, incluso que tenía la intención de demandar al propietario. Después de este aciago incidente, la producción volvió a situarse en los trescientos mil barriles por día. El campo ubicado en el sur de Libia producía aproximadamente 308 mil barriles por día hasta que cerró, mientras que su capacidad de producción era de aproximadamente 340 mil barriles por día.

A finales de junio de 2018, la NOC (Corporación Nacional de Petróleo de Libia) suspendió la totalidad de la producción y exportación de petróleo del este de Libia después de que las fuerzas del general Khalifa Haftar controlaran la región petrolera en el este del país, llamada Al-Hilal Al-Nafti ('media luna petrolera').

El **14 de junio**, la NOC con sede en Trípoli publicó en un comunicado que anunciaba «el estado de fuerza mayor[61] sobre el envío de petróleo crudo desde los puertos de Harika y Zuaitina». La corporación anunció el estado de fuerza mayor en los puertos de Sidra y Ras Lanuf, lo que significó *de facto* que todas las exportaciones se detuvieran en la región oriental de Libia. Según cálculos de las autoridades libias, después de los últimos desarrollos, la producción de petróleo en el país disminuyó a unos trescientos mil barriles día.

El día 14 de julio del 2018, un portavoz del Ejército Nacional de Libia anunció que sus fuerzas habían tomado el control del campo de Sharara en todas sus instalaciones. El portavoz expresó que: «Las fuerzas armadas han continuado extendiendo su control total sobre el campo de Al-Sharara a todas sus instalaciones principales de manera pacífica sin ningún compromiso y, ahora, lo están asegurando en coordinación con la administración del campo». El cierre de pozos petroleros en el campo de Al-Sharara fue una especie de precaución. A su vez, el jefe de la sala de operaciones, el mayor general Abdul Salam Al-Hassi, confirmó al canal Al-Arabiya la finalización del control del campo de Al-Sharara y el resto de los puntos de bombeo, los pozos de exportación y las líneas de discreción en su totalidad, lo que indicaba que el campo estaba completamente asegurado.

En octubre de 2018, Libia anunció que sus pérdidas financieras alcanzaban los 49 mil millones de dólares debido al colapso de la producción de petróleo. Los ingresos financieros del gobierno libio cayeron a $ 4.6 mil millones en 2016.

---

[61] El caso de fuerza mayor exime las obligaciones de producción y exportación para sus socios y clientes.

El gobernador del Banco Central de Libia estimó las pérdidas de Libia en $ 49 mil millones **entre 2012 y 2016**, en el contexto del colapso de la producción de petróleo derivado de los conflictos políticos. Agregó que el déficit de la balanza de pagos entre 2014 y 2017, como resultado de los repetidos *shocks* que golpearon al sector petrolero en esos años, ejerció una gran presión sobre las reservas extranjeras de Libia y el tipo de cambio fijo.

El 16 diciembre de 2018, el Hospital de Mujeres de Zintan fue testigo de la generosidad de la Corporación Nacional del Petróleo y la Repsol Oil Corporation pues le hicieron entrega de una máquina de resonancia magnética para sus instalaciones. El Programa de Desarrollo de las Naciones Unidas declaró que se esperaba que unos 200,000 ciudadanos de Zintan y sus ciudades vecinas se beneficiasen de los servicios de este dispositivo, que se instaló en el Hospital de Mujeres de la ciudad, como se ha dicho.

En diciembre de 2018, los manifestantes y los miembros de la tribu detuvieron la producción en el campo del sur de Libia, Al-Sharara, dirigido por Repsol. Como resultado, la actividad del campo quedó sin reanudarse por la falta de condiciones de seguridad en el mismo.

El 9 de febrero de 2019, la NOC dijo que su presidente, Mustafa Sanallah, había hablado de la crisis del campo petrolero de Al-Sharara con directivos de la compañía Repsol en Trípoli.

En febrero del mismo año, la NOC y Libia acordaron el destino del campo petrolero de Al-Sharara. La Corporación Nacional de Petróleo de Libia anunció que Mustafa Sana Allah discutió la crisis del campo petrolero citado con funcionarios de la compañía Repsol en la capital, Trípoli. La NOC sostuvo que las dos partes mantuvieron conversaciones para frenar las hostilidades y los conflictos armados dentro y alrededor de las instalaciones, lo que suponía un requisito previo para la reanudación de las operaciones de producción en el campo.

En febrero de 2019, las fuerzas del Ejército Nacional asumieron el control total del yacimiento de Al-Sharara y de todas sus instalaciones, al tiempo que suspendieron la actividad del campo. Las fuerzas del este se hicieron con el control de los principales pozos, las oficinas y las salas técnicas de este campo, esenciales para la supervivencia del gobierno que sostenía la ONU en Trípoli.

El día 27 de febrero de 2019, la Corporación Nacional del Petróleo y Repsol inauguraron dos semestres diseñados de acuerdo con el plan de estudios, que habían cofinanciado, y los entregaron al Fondo de Solidaridad Social en Germa. Las clases también se instalaron en el Centro para niños con trastornos del espectro autista y en la Escuela para dificultades de aprendizaje. Como parte del trabajo preparatorio, la Fundación y la compañía patrocinaron un programa de capacitación vocacional en la ciudad de Trípoli para el beneficio de varios maestros que iban a trabajar en los centros antes mencionados, enfocándose tanto en el aspecto psicológico de las personas con necesidades especiales como en el plan de estudios educativo Montessori, que tiene como objetivo ayudar a los niños a desarrollar sus capacidades y habilidades personales. Además de que resulta extremadamente importante, especialmente en la educación para personas con necesidades especiales y en el tratamiento de niños con trastornos del espectro autista.

En marzo de 2019, la NOC y Repsol completaron un proyecto educativo para niños con necesidades especiales en Ubari, como parte del enfoque conjunto adoptado por la corporación y la empresa hacia iniciativas de desarrollo sostenible.

En el mismo mes, Repsol reinició la actividad del campo petrolero más grande de Libia: Al-Sharara.

A mediados de junio de 2019, la producción del campo petrolero de Al-Sharara se detuvo de nuevo. Según la NOC, el cierre se debió a un posible sabotaje de válvula cerrada en el área de Hamada. Sin embargo, en esta ocasión, el sabotaje se solucionó en unas pocas horas y se restauró la normal producción.

En noviembre de 2019, la Corporación Nacional de Petróleo de Trípoli, responsable de las operaciones operativas, de exportación y técnicas, anunció que Libia tenía como objetivo aumentar su producción a 2,1 millones de barriles para 2024.

El 30 de diciembre de 2019, la Corporación Nacional de Petróleo de Libia anunció que dos grandes campos petroleros en el suroeste del país habían cesado su actividad, después de que fuerzas leales al mariscal Haftar cerraran el oleoducto. La NOC avisó de la situación de fuerza mayor en las cargas de crudo de los campos de Al-Sharara y de Al-Feel, después del cierre del oleoducto que los unía con el puerto petrolero de Al-Zawia en el oeste. Un portavoz de la NOC indicó que si las exportaciones continuaban deteniéndose, el llenado de los tanques de almacenamiento tomaría unos días y la producción se limitaría a 72,000 barriles diarios. Hay que recordar que Libia ha estado produciendo aproximadamente 1.2 millones de barriles por día recientemente. No obstante, los precios del petróleo cayeron alrededor del 1%, concretamente a $ 64.58 por barril, si bien los analistas esperan el retorno de la producción de crudo libio al final.

A primeros de enero de 2020, la NOC, Corporación Nacional de Petróleo de Libia, con sede en Trípoli, anunció que las fuerzas leales al mariscal Jalifa Haftar habían interceptado los puertos petroleros más destacados del este del país, en la víspera de la Conferencia Internacional de Berlín sobre Libia, que reunió a las partes involucradas en el conflicto. Las pérdidas financieras fueron estimadas en 55 millones de dólares por día.

A mediados de enero de 2020, las fuerzas leales a Haftar habían tomado un oleoducto que enlazaba los campos petroleros de **Al Sharara —el más importante del oeste del país y que explota la española Repsol—** y Al-Feel, en el oeste de Libia, forzando al cierre de operaciones en ambos yacimientos.

Se confirmó la suspensión de las operaciones y se aseguró por parte de los sublevados que «**la detención de la producción y exportación de petróleo continuará**» hasta la caída del gobierno de la capital, Trípoli, reconocido por la comunidad internacional. La NOC también ha confirmado la suspensión de las operaciones en ambos yacimientos.

El 17 de enero de 2020, el ejército leal al General Haftar clausuró el puerto de Zwitina (este). Más tarde, también cerraron otros puertos y campos.

Esta situación llevó a la Corporación Petrolera a declarar un caso de «fuerza mayor» a los mismos puertos cerrados.

Las fuerzas del General supervisaban la seguridad de los campos y puertos petroleros en la región central (la 'media luna petrolera') y el puerto petrolero de Hariga en la ciudad de Tobruk, cerca de la frontera con Egipto, mientras que esas instalaciones eran administradas por la Corporación Petrolera del Gobierno de Concord.

A finales de enero de 2020, la producción de petróleo libio había disminuido en aproximadamente un 75% desde que se cerraron los principales puertos petroleros del país.

A finales de mes, la producción de petróleo de Libia cayó a 79,6 mil barriles por día.

La producción diaria se contrajo en 1.14 millones de barriles, mientras que las pérdidas globales fueron de $ 3.8 mil millones.

A mediados de **abril de 2020**, la producción de petróleo de Libia cayó a 92.7 mil barriles por día.

El 19 de febrero de 2020, la NOC advirtió que la producción de petróleo del país había descendido desde la declaración de fuerza mayor[62] el 18 de enero en Libia, alrededor de 1.096 millones de barriles por día.

La corporación nacional expresó en un comunicado que la producción de petróleo crudo por día en el país actualmente era de 123.5 mil barriles, como resultado de los cierres que afectaron a los puertos y tuberías.

La NOC declaró un caso de «fuerza mayor» la situación, producida por la clausura de los puertos y el cierre de tuberías por parte de las fuerzas leales a la brigada de Haftar.

A finales de febrero de 2020, la Corporación Nacional del Petróleo anunció que las pérdidas resultantes de los cierres de petróleo excedieron los dos mil millones de dólares, mientras que la producción de crudo del país cayó por debajo de 123,000 barriles por día.

Añadió que:

«La producción de petróleo y gas continúa disminuyendo significativamente debido al deterioro de las condiciones de seguridad en toda Libia, que a su vez ha interrumpido las operaciones de suministro y transporte», dijo la fundación. Agregó, en un boletín sobre las consecuencias del cese de la actividad petrolera, que la producción de petróleo como resultado de los cierres que afectaron a los puertos y tuberías llegó a 122.430 barriles de petróleo por día el domingo 23 de febrero de 2020.

---

[62] Fuerza mayor en la ley y la economía significa que es una de las cláusulas de los contratos, eximiendo a cada una de las partes contratantes de sus obligaciones cuando las condiciones de fuerza mayor ocurren fuera de su control, como la guerra, la revolución, la huelga de los trabajadores, el crimen o los desastres naturales como un terremoto o una inundación.

A mediados de marzo de 2020, en una declaración en el sitio web de la Corporación Nacional de Petróleo de Libia NOC, se decía que la producción de crudo libio había disminuido a 97.508 barriles por día el 11 de marzo, y agregaba que esta disminución en la producción había causado pérdidas financieras que superaban los tres mil millones de dólares desde el 17 de enero de 2020, después de que grupos militares, estacionados en el este de Libia, cerraran puertos y campos petroleros.

A primeros de abril de 2020, la NOC comunicó que estaba «perdiendo una producción diaria de 1 millón y 127 mil y 269 barriles de petróleo, que se suponía que iría a los mercados globales». Afirmó que «las pérdidas totales de la producción acumulada y las pérdidas de exportación, al 1 de abril, ascendieron a 3 mil millones y 893 millones y 213 mil y 466 dólares, causando una disminución continua en la economía libia y las reservas financieras debido al cierre ilegal de las instalaciones petroleras». La producción de petróleo libio disminuyó a 92.731 barriles por día hasta el **1 de abril**, impulsada por el continuo cierre forzado de los campos por parte del ejército comandado por el general Khalifa Hifter, desde el **17 de enero**.

El 27 de abril de 2020, la Corporación Nacional de Petróleo de Libia expuso que sus ingresos ascendieron a 1,093 mil millones de dólares en marzo, después de recaudar las sumas correspondientes a las ventas de enero. Según una declaración emitida por la NOC en su sitio web, las exportaciones de petróleo libio disminuyeron en un 92.30%, lo que causó enormes pérdidas a la economía libia. Según el comunicado, «los productos petroleros cayeron a cero durante el pasado mes de marzo, como resultado del cierre ilegal del refinamiento de las refinerías, y la producción de gas natural disminuyó recientemente en 200 millones de pies cúbicos por día, como resultado del cierre de la válvula del distrito de Sidi al-Saiah».

A este respecto, el presidente de la NOC, expresó que: «Libia sufrió enormes pérdidas durante **el primer trimestre de 2020**, debido a los cierres ilegales que afectaron a muchas instalaciones de petróleo y gas, y el asunto no se detiene aquí, dado que la erosión causada por el estancamiento del petróleo y el agua salada dentro de las tuberías, provocará grandes daños materiales, lo que nos costará millones repararlo después del final de la crisis». Siguió diciendo que: «Todos los libios en todo el país son los primeros afectados por estos cierres ilegales, ya que esta disminución en los ingresos retrasará las inversiones del gobierno en servicios públicos y obstaculizará los esfuerzos para avanzar en la economía nacional y garantizar un futuro más brillante para el pueblo libio».

El día 13 de mayo de 2020, la Agencia Internacional de Energía predijo, en su pronóstico mensual, que la producción de petróleo libio, que cayó de 1.2 millones de barriles por día a **finales del 2019** a 80,000 barriles diarios en abril pasado, no se iba a recuperar hasta finales de este **año 2020**.

La agencia expresó que, según las expectativas de la Administración de Información de Energía de EE. UU., y debido a la guerra en curso en Libia, el crecimiento de la producción estaba programado para reanudarse a finales del 2020, una vez que se abriesen las terminales de producción y exportación a pesar de los bajos precios del petróleo.

A fecha de 20 de mayo de 2020, la Corporación Nacional de Petróleo de Libia afirmó en un comunicado publicado en su página web que la producción de petróleo había alcanzado los 91.221 mil barriles por día el 17 de marzo. La NOC agregó que esta disminución en la producción había causado pérdidas financieras que excedían los 3.36 mil millones de dólares desde el 17 de enero de 2020, luego de que grupos leales al líder militar Khalifa Haftar, asentados en el este de Libia, cerraran diversos puertos y campos petroleros.

El 29 de mayo de 2020, según declaración de la OPEP, la producción de petróleo en Libia disminuyó de manera ostensible desde el 18 de enero debido al cierre de puertos y campos por grupos militares afines al general Khalifa Haftar, con sede en el este de Libia. La declaración indicó que la producción promedio de Libia durante el mes mayo se cifró en 100,000 bpd.

A 10 de junio de 2020, la NOC anunció la suspensión de la actividad en el campo petrolero de Al-Feel (Eni), explicando que la producción se detuvo en el campo unos días después de la reanudación de las operaciones a raíz de la interrupción que duró meses.

También la producción se paró en el campo de Al-Sharara (Repsol).

La semana anterior, la Corporación Nacional de Petróleo de Libia confirmó que había reanudado la producción en el campo petrolífero de Al-Feel a un nivel inicial de 12,000 barriles por día y que volvería a su capacidad total de 70,000 barriles diarios en 2 semanas aproximadamente.

En la misma línea, en un comunicado, la NOC también declaró el levantamiento de la situación de fuerza mayor en las exportaciones de los campos de Al-Feel y de Al-Sharara, después de que la producción de ambos se reanudase tras un día de cierre durante un bloqueo petrolero impuesto por las fuerzas estacionadas en el este del país.

IX. Repsol y el desarrollo sostenible en Libia

El gigante Repsol participa de forma activa en los programas de desarrollo sostenible en Libia, y prepara un plan integral anual de sostenibilidad que incluye consideraciones éticas, ambientales y sociales de enorme calado, incorporado a su proceso de toma de decisiones.

A finales del 2012, Repsol realizó una importante donación al laboratorio forense para los desaparecidos de Libia. El paquete de donaciones de Repsol contenía equipos y servicios que se podían utilizar en el nuevo centro forense en Trípoli. Mediante pruebas de ADN, el centro trataría de identificar a los cadáveres desconocidos que podían ser de víctimas que desaparecieron antes y durante la revolución.

Del mismo modo, a finales de 2012, Remsa entregó una máquina de resonancia magnética al Hospital de Mujeres en el municipio de Zintan, como se explicó en líneas precedentes.

Repsol inauguró dos semestres diseñados de acuerdo con el plan de estudios, que había cofinanciado, y los entregó al Fondo de Solidaridad Social en Germa. Las clases también se instalaron en el Centro para niños con trastornos del espectro autista y en la Escuela para dificultades de aprendizaje.

Así mismo, Repsol patrocinó un programa de capacitación vocacional en la ciudad de Trípoli para el beneficio de varios maestros que trabajarían en los centros, con enfoque en el aspecto psicológico de las personas con necesidades especiales.

El plan de estudios educativo tenía como objetivo ayudar a los niños a desarrollar sus habilidades y artes personales, siendo extremadamente importante, especialmente en la educación para personas con necesidades especiales y en el tratamiento de niños con trastornos del espectro autista.

Repsol cooperó en la rehabilitación y dotación del Hospital general de Ubari por un valor de 8,2 millones de dólares, dentro del programa del desarrollo sostenible acordado entre Repsol y NOC.

Vale la pena señalar que la compañía española Repsol ha mantenido y desarrollado el Hospital Wadi Al-Hayat. En este sentido, modernizó su equipo médico, capacitó al personal sanitario y paramédico que trabaja en el hospital, además de proporcionarle autobuses y ambulancias.

Algunas actividades de Repsol en el desarrollo sostenible de Libia

1-. Repsol realizó una activa contribución a las actividades arqueológicas y de prospección patrimonial de Libia. Esta contribución forma parte de su compromiso social, colaborando en el patrocinio de una expedición de la Universidad de Al-Fatah con objetivos arqueológicos centrados en la importancia de la cuenca de Fezzan en el desierto de Libia.

2-. Repsol prestó apoyo financiero y patrocinio en la expedición del área de Murzuq. El proyecto estuvo en marcha desde 2004. Fezzan forma una cuenca cerrada gigante que contiene una gran cantidad de afloramientos sedimentarios y estratos del antiguo lago paleolítico. Recientemente se ha constatado que existía un lago muy grande en esta cuenca con orígenes en el Cuaternario, al que los historiadores han denominado 'Lago Mega Fazzan'.

La investigación realizada en esta área evidencia la sucesión de al menos cinco ciclos interglaciares. Durante los interglaciares húmedos, la cuenca de Fazzan contenía un lago gigante, aproximadamente del tamaño de Inglaterra, lo que revela el pasado sorprendentemente húmedo de lo que ahora es un desierto hiperbárico.

3-. Como parte de la estrategia de Remsa[63] hacia su personal, sobresale la promoción de sus empleados, a quienes motiva y alienta para mejorar su posición en la empresa. La prioridad para Repsol es dar a sus empleados la oportunidad de nuevos puestos y tareas más abiertas.

4-. Remsa, en apoyo al sector energético libio, participa en la mayoría de eventos relacionados con la economía, el petróleo y el gas en Libia. Normalmente lo hace mediante el patrocinio y el montaje de *stands* que representan a Repsol en su verdadera dimensión. Estos eventos comienzan con la feria internacional de Trípoli (International Tripoli Fair), en la cual participa Repsol en coordinación con el Instituto Español de Comercio Exterior (ICEX) dentro del Pabellón de España. En esta feria, además del ICEX y Repsol, colaboran otras empresas españolas como expositores. Hay que decir que Remsa participó en todos los eventos mencionados con un *stand* propio de Repsol.

Algunos de los eventos energéticos en los cuales participa Remsa habitualmente son: The Mediterranean Petroleum Conference, The Technology of Oil and Gas Forum & Exhibition (TOG), The Geology of Southern Libya (GSL), The Society of Petroleum Engineers (SPE) y otros muchos.

5-. En marzo del año 2006, Repsol hizo entrega de un Sistema de Información Geográfica (G.I.S) aplicado para la gestión de los recursos arqueológicos. El alcance del proyecto era el registro y mapeo de todos los hallazgos arqueológicos en el desierto de Libia, configurándose como un programa piloto para el Departamento de Antigüedades (DOA) en Libia. El objetivo de este proyecto fue proporcionar al DOA una herramienta para gestionar y hacer acopio de la información relacionada con los hallazgos y sitios arqueológicos en el país, facilitándole el *hardware*, el *software* y la capacitación necesarios para administrar el sistema.

---

[63] REPSOL EXPLORACION MURZUQ, S. A.

En relación con la capacitación, seis empleados del DOA recibieron un curso de 10 días que cubrió todos los fundamentos y conocimientos del SIG. Así mismo, diecisiete empleados de la misma institución recibieron un curso introductorio sobre SIG de 2 horas de duración.

6-. Con motivo del día internacional de los huérfanos en Libia, Remsa participa en el día de celebración de los huérfanos, patrocinando el evento y ofreciendo regalos y apoyo a los huérfanos.

7-. Dentro de la filosofía de Repsol de integración de sus empleados, creación de un ambiente agradable y colaboración mutua entre el personal, Remsa organiza diversas excursiones informales a las que invita a todos sus empleados en Libia y sus familiares, donde normalmente asisten casi un millar de personas, siendo más de la mitad de ellas niños, además de los empleados y sus familias. A las mismas Remsa también invita a niños huérfanos, que asisten con sus cuidadoras y voluntarios de asociaciones benéficas locales. Las excursiones de cada año se distinguen por las múltiples actividades, como musicales modernos y clásicos, juegos para niños, *shows* de payasos y magos, partidos de fútbol, voleibol, billar y bolos, etc.

El ambiente agradable que se respira durante los días de excursiones y actividades culturales es una muestra de la buena relación existente entre los empleados de Remsa. La integración del personal, expatriados y locales, es un objetivo claro de la unidad de negocios en Libia, y, por esa razón, Remsa impulsa fuertemente este tipo de eventos entre otras acciones para el beneficio de todos.

8-. Además de las excursiones, Remsa organiza viajes culturales para sus empleados a las históricas ciudades romanas y árabes ubicadas en territorio libio, con objeto de dar la oportunidad de aprender más sobre la historia de este país.

9-. Como parte del programa de desarrollo sostenible, el 12 de septiembre de 2008 Remsa donó diferentes equipos deportivos al club Aubari en la ciudad homónima, cerca del campo petrolífero de Al-Sharara. El material donado al club fue para apoyar el campeonato deportivo del festival del sagrado mes del Ramadán.

10-. El Proyecto de Mejoramiento del Hospital Ubari fue parte del Programa de Desarrollo Sostenible de Repsol en Libia, además de una oferta formal del Presidente de Repsol al Presidente de NOC durante una visita a Libia a fines de 2006. Después de una evaluación técnica integral, el proyecto finalmente se formalizó mediante un acuerdo firmado el pasado noviembre de 2007 entre Repsol (que representa también a las empresas asociadas Total, OMV y Statoil Hydro) y el Ministerio de Salud, respaldado por la NOC. El proyecto incluía tres áreas principales de acción que son: rehabilitación de la infraestructura hospitalaria, provisión de un equipo médico moderno y adecuado, junto a la implementación de un programa integral de capacitación para el personal del hospital (este último elemento es el más importante con respecto a la sostenibilidad futura del proyecto). La inversión total del proyecto fue de 6,5 millones de euros, que se entregaron en un plazo de 5 años.

El 9 de julio de 2008 tuvo lugar en Ubari el evento de entrega de dos ambulancias totalmente equipadas y dos autobuses como parte del proyecto de la reconstrucción de su hospital. Esta donación constituyó el primer paso para llevar a cabo la mejora de Proyecto del hospital de Ubari. El segundo paso fue el programa de capacitación para el personal médico que trabajaba en el mismo hospital. En esta sección del proyecto, se dedujeron 1,5 millones de euros de la inversión total de los 6,5 millones de euros y se asignaron a la capacitación; el primer grupo de personal médico enviado a Amman el 11 de agosto del 2008 para iniciar los cursos de capacitación en una de las mejores universidades de Jordania, fue de 20 enfermeras, mientras que el segundo grupo estaba integrado por 10 médicos.

11-. Remsa se unió al *rally* de Libia y fue uno de sus patrocinadores, el evento comenzó el 17 y finalizó el 24 de marzo de 2008, la distancia de la competición fue de 3.500 km a través de la ruta de la cuenca de Murzuq, en la que Repsol tiene los bloques de exploración y producción más importantes del campo de Al-Sharara, los bloques NC 115 y NC 186. El *rally* fue la primera incursión automovilística en el amplio desierto de Libia, el punto de partida se habilitó en la ciudad sur de Ghadams y el último punto fue Idri. La carrera pasó al lado del complejo petrolero de Repsol, el campo central de Al-Sharara, en tanto que el número de participantes fue de 30 vehículos que representaron a diferentes nacionalidades. La TV libia, la TV alemana y rally maratón cubrieron este evento. Como de costumbre, Repsol patrocinó estas actividades deportivas por la importancia de la zona de Murzuq y porque atraen a numerosos visitantes cada año al gran Sahara libio. El segundo *rally* comenzó el 16 de marzo y terminó con éxito el 23 de marzo de 2009, ocupando grandes portadas en los medios de comunicaciones.

12-. La organización de Repsol cuenta con la rotación continua de su personal, en todas sus sucursales, dando la oportunidad a su plantilla de enfrentar nuevos desafíos en otro departamento o país. No cabe duda de que la estrategia de integración es el mejor vehículo para el éxito en cualquier entorno y cultura empresarial. Remsa tenía el mejor ejemplo de las oportunidades de rotación de Repsol.

13- Repsol Exploration Murzuq (Remsa) patrocinó 50,000 mapas de la ciudad de Trípoli, con mensajes sobre la importancia de luchar contra la desertificación, el cambio climático y su impacto en toda la sociedad, además de fomentando las zonas verdes y su preservación futura.

14- Repsol Exploration Murzuq S.A. (REMSA) obtuvo la certificación ISO 14001 por sus operaciones en actividades de exploración. De esta forma, Remsa se convirtió en la primera empresa de exploración en Libia en implementar un Sistema de Gestión Ambiental certificado bajo un estándar internacional.

15- Con motivo de la celebración del Jubileo de Oro de la Sociedad de Ciencias de la Tierra de Libia (ESSL), Repsol Exploration Murzuq S.A. (REMSA) obtuvo un diploma por su colaboración y plena participación en la conferencia de Geología del Sur de Libia y la exposición técnica asociada.

16- Como parte de las actividades sociales, Remsa ha realizado diversas donaciones para participar en los festivales anuales de las diferentes organizaciones educativas, ayudas que van a las escuelas en forma monetaria o a través de valiosos obsequios.

Como puede apreciarse, Repsol en Libia ha contribuido a cumplir parte de los objetivos marcados para la creación de valor y progreso de su sociedad. Buena parte del Programa de Desarrollo Sostenible acordado entre Repsol y NOC, se ha desarrollado desde el año 2006 y, desde entonces, se han cumplido la mayor parte de sus objetivos. Ello representó para Repsol una oportunidad de negocio más responsable, que promovió la innovación y la tecnología que exigía la NOC como una forma de colaboración y esfuerzo para con la sociedad libia.

Sin duda, la contribución de Repsol fue una de las palancas que ayudaron en parte a la sociedad libia a visualizar algunas soluciones a los retos energéticos y a la protección medioambiental, además de los desafíos económicos y sociales a los que se enfrentaban los libios.

X. La guerra del petróleo en Libia

Es posible entender parte de lo sucedido en Libia internacionalmente y su impacto en las compañías petroleras, siguiendo algo de lo que se publicó durante el período de la revolución sobre los factores que llevaron a algunos países a acelerar el derrocamiento de Gadafi, así como la importancia de las compañías que operaban en Libia para influir en los tomadores de decisiones en los países europeos. En este contexto, se publicaron artículos que explicaban las competencias entre Francia y Gran Bretaña, por un lado, y su intento de aislar a Alemania de aparecer en la campaña anunciada por el Consejo de Seguridad contra el régimen de Gadafi durante la revolución de febrero de 2011.

Todos los países intervencionistas buscaban fortalecer sus empresas y su posición en la economía libia, por lo que se criticó el retraso del primer ministro británico David Cameron en la guerra de Libia, mientras que Francia fue el primero en tomar cartas en el asunto. Entretanto, varios artículos indicaron los intentos de aislar a Alemania (y su empresa Wentrshall) del conflicto libio durante la revolución.

Italia pudo haber sido uno de los jugadores más importantes en Libia, especialmente porque es uno de los mayores importadores de petróleo y gas en este país. De todos modos, inicialmente, Italia no quería eliminar a Gadafi, tampoco Francia para quien Gadafi fue importante, especialmente porque este último había tratado de llegar a acuerdos satisfactorios con todos los países occidentales.

No hemos de obviar que Italia es propietaria de la compañía operadora más grande del sector petrolero en Libia, que es la compañía Eni, formada por la empresa Melita en asociación con la National Oil Corporation (NOC) y cuyos trabajos se centran en el campo de Al-Feel ubicado en la cuenca de Murzuq y en el campo de Abu Tufel; además tiene proyectos a largo plazo para suministrar gas a Italia.

Sin embargo, parece que las autoridades italianas creen que Libia es importante no solo para el gas y el petróleo, sino también para la gran transformación que tiene lugar en el norte de África. Así quedó de manifiesto en el documento del Ministro de Asuntos Exteriores italiano, en el que mencionó la importancia que estaba ganando Libia y la región para conectar todas las partes del mundo.

Francia, con sus ojos puestos en África, se dio cuenta de la importancia de Libia y trabaja de forma activa para promover sus intereses, especialmente en la obtención de uranio, gas y petróleo. En 2007, Gadafi firmó un acuerdo con el presidente Sarkozy para construir un reactor nuclear en el sur de Libia, con el propósito de fomentar las buenas relaciones entre los dos países.

Francia no estuvo de acuerdo con Gadafi sobre un conducto de gas que va de Nigeria a Argelia con una longitud de 4.401 km, al entender que podía dañar la producción y exportación de petróleo desde Libia. Francia también busca aumentar su influencia en África y proteger los intereses de exportación de sus productos. Además, su influjo en este país le proporciona mucho dinero en sus transacciones directas y, a veces, en franca ventaja con algunos países africanos.

Gran Bretaña, Alemania, China y Rusia también son sabedores de la magnitud de las experiencias interferentes de la economía global, el entrelazado de vías económicas y la multiplicidad de oportunidades en África, así como otros riesgos inherentes, lo que hace que la crisis libia sea importante para ellos junto con las oportunidades esperadas en áreas relacionadas con el gas licuado y la energía alternativa.

España y su empresa Repsol no mueven ninguna ficha, además de que no muestran interés alguno hacia la importancia de Libia o las oportunidades que podrían obtener si participasen en el juego.

La estrategia de la OTAN, la revolución mediterránea oriental

En este contexto, no hemos de pasar por alto la estrategia de la OTAN para evitar la presencia de la Federación de Rusia en la región del norte de África y limitar su presencia en el mar Mediterráneo. Rusia es uno de los principales países exportadores de gas, especialmente a Europa. Esto ha generado una brecha de presión constante en los países europeos que no tienen mucha amistad con Rusia. La historia de Europa está salpicada de esas rencillas que comenzaron en el este y terminaron con un conflicto armado con el oso ruso, un patrón que comenzó desde que Napoleón no terminó su guerra en Rusia hasta hace poco después de la caída de la ex Unión Soviética.

Por lo tanto, es posible entender lo que está sucediendo en Libia en la actualidad desde el conflicto entre los países europeos, y la división sobre la cual las partes libias son las primeras en ser apoyadas, así como un problema sobre la región del norte de África y la posibilidad de transferir las oportunidades disponibles en Libia y Argelia, dos de los países con mayor exportación de petróleo y gas en África. Argelia como Libia tiene jugosas cantidades de gas licuado, por lo que la dependencia de los países europeos de la energía del norte de África no está soportada por el costo político y económico que Rusia usa para presionar a Europa.

Se puede decir que este conflicto con Rusia, que quiere seguir monopolizando el mercado energético europeo, junto a los continuos intentos de Europa de buscar otras fuentes del norte de África, es el patrón dominante en las estrategias energéticas en la región, por lo que el mundo está experimentando una revolución energética que comienza con GNL[64]. La alternativa es abrir caminos para que los países que no se encontraban en el tablero de juego, ingresen al mercado energético. Entretanto, Europa considera que esta es una alternativa apropiada que la mantiene alejada del espectro de dependencia de la energía rusa y su alto costo político.

---

[64] GNL = Gas Natural Liquado.

El crudo se convierte en el centro del conflicto en Libia

En el conflicto libio, el control por los recursos hace que la guerra civil, que se libra en torno al control de los ingresos petroleros y las instituciones, sea una contienda por el petróleo. A lo largo de casi diez movidos años, marcados por la escalada de tensión en la guerra multinacional, el crudo se ha vuelto a imponer como el recurso que motiva el conflicto después de una serie de cierres en importantes centros de producción y el bloqueo de exportaciones. En otras palabras, el crudo es el único protagonista que se sitúa en el centro del conflicto libio, aunque parece más cierto pensar que nunca se fue. Las compañías petroleras se cuentan entre los principales actores del sistema económico internacional, tanto por su volumen de ventas y de inversiones en el exterior, como por la concentración de influencia y de poder político que ostentan. Estas empresas influyen decisivamente en los diseños geopolíticos de los grandes centros de poder.

Los precios que mueven los conflictos

El cambio de precios se refleja en el mercado internacional de la energía a través de estrategias geopolíticas que generan conflictos, bloqueos y ataques contra los productores de petróleo. Para esto, se consideraron los factores que influyeron en el desarrollo del precio del petróleo desde la década de los años setenta hasta la actualidad, lo que contribuyó a vincular los precios con procesos políticos y eventos beligerantes que afectan las áreas donde se concentra la mayor parte de las reservas mundiales de crudo. De hecho, las principales tensiones políticas en el Medio Oriente producen un resultado económico similar en el mercado internacional del petróleo. Las guerras y los bombardeos actúan como factores reguladores en un mercado sujeto a patrones de comportamiento específicos.

De otra parte, los servicios para reactivar el negocio petrolero y maximizar las ganancias de las multinacionales, provocan grandes aumentos en los precios del petróleo. Todos estos datos son necesarios para comprender las causas de los conflictos militares acontecidos en los últimos tiempos en la región petrolera (Eduardo Giordano, Las guerras del petróleo - 2003)

En noviembre de 2000, la Agencia Internacional de Energía (IEA) predijo que la demanda mundial de petróleo aumentaría en los años siguientes, de 76 millones de barriles por día consumidos en 1999 a 115 millones de barriles en 2020, con un aumento anual del 2%. Este incremento se produjo especialmente en los países desarrollados, cuya demanda petrolera se elevó a la mitad del consumo total de energía. Según la Agencia Internacional de Energía, los combustibles fósiles representan más del 90% de las necesidades energéticas mundiales para 2020.

Está claro que el aumento de los precios del petróleo no tiene nada que ver con las decisiones de los países exportadores y mucho más la inestabilidad política inducida y los conflictos de guerra recurrentes, que a menudo son causados o alimentados desde fuera. Huelga decir que las compras de petróleo no se dirigen como operaciones entre países, sino a través de un nivel medio, representado por compañías petroleras transnacionales, que son actores clave en un sector con una gran centralización y concentración de capital, tradicionalmente un oligopolio, con un claro liderazgo de la capital estadounidense, británica, francesa, holandesa, italiana y española. Por otro lado, parece lógico que los países consumidores (principalmente europeos) se beneficien más de los productores y recauden impuestos que representan dos tercios del precio final de los combustibles y derivados del petróleo como método. En los últimos veinte años, este ingreso fiscal ha aumentado en un 330% en Europa occidental.

Las principales causas de esta dinámica internacional determinan el desarrollo de los precios del petróleo y acaban por mejorar la precisión de la interconexión entre los intereses geopolíticos y económicos de las potencias petroleras y los intereses pecuniarios de las empresas transnacionales en este sector.

Varios factores interactúan para dar forma al mercado mundial del petróleo y determinar su especificidad, así como el papel que desempeña como centro de competencia entre los bloques de poder económico: el petróleo crudo (Eduardo Giordano, 2003).

Beneficios de las compañías petroleras internacionales

La industria petrolera no es solo un sector más de la economía, sino el principal impulsor del grupo de actividades industriales, que abarca desde las áreas de la energía y el combustible hasta la fabricación petroquímica, de fertilizantes, asfalto, productos plásticos y farmacéutica, entre muchas otras industrias y ocupaciones.

La hegemonía de cualquier país sobre el control de esta materia prima a un precio competitivo favorece la posición exportadora de las industrias de ese país.

La compañía petrolera española Repsol aumentó sus ganancias en comparación con los años anteriores gracias a las subidas de precios. De hecho, con los aumentos en los precios del petróleo, las ganancias de Repsol y de otras petroleras internacionales crecieron de modo notable en los siguientes años, alcanzando incluso cifras récords reales. Con la fuerte caída de los precios del crudo en 1998, muchos países llegaron a la bancarrota financiera y a una fuerte agitación política.

La reducción de los ingresos petroleros afectó directamente a aquellos estados que obtenían de las exportaciones de petróleo entre el 50% y el 90% de sus monedas. Así, los aumentos y la reducción de los precios del petróleo beneficiaron de forma homogénea a los países industriales y sus petroleras, mientras que también afectaron negativamente a los países subdesarrollados, exportadores o pobres.

Monopolio de las compañías petroleras norteamericanas

El petróleo barato, cuyo precio cayó entre las décadas de 1950 y 1970, financió completamente el desarrollo de sociedades industriales en Europa y América.

Todas las áreas de la vida y del trabajo estaban asociadas con el petróleo, el combustible y las materias primas, los cuales que formaban parte de la composición básica de casi 300 mil productos (fertilizantes, medicamentos, pesticidas, ropa, fibras sintéticas, cosméticos, proteínas alimentarias, productos agrícolas y otros muchos productos).

En el frente petrolero, el equilibrio de poder estaba a favor de las empresas que más estaban acostumbradas a la gestión y distribución petroleras.

El petróleo es omnipresente

El petróleo es un elemento omnipresente en todas las industrias y en la vida diaria. El crudo domina nuestra vida, proyectando su alargada sombra sobre todo lo que nos rodea. Jean Paul Getty[65] dijo: «Para ser alguien en el mundo del petróleo, hay que tener un pie en Oriente Medio».

Muchísimo petróleo asequible está en Oriente Medio. El petróleo barato contribuyó en gran medida a incentivar la rápida industrialización de los países occidentales durante las décadas de 1950 y 1960, pero estaba claro que esto no satisfacía los intereses de las compañías petroleras y, menos aún, los *stands* con los países productores por la ambición de aumentar los precios.

A partir de 1970, el mercado fue cambiando, dejando crecer la demanda de petróleo hasta superar la oferta. Así, el control pasó de los compradores (consumidores) a los vendedores (exportadores). Los miles de millones de barriles extraídos y comprados a precio ridículo subvencionaron el desarrollo industrial de occidente.

---

[65] Empresario estadounidense y fundador de la compañía Getty Oil.

De este modo, los recursos petroleros entraron al servicio del desarrollo occidental y de su prosperidad. Casi todo en esta vida depende del petróleo y de sus derivados. Hoy en día, debemos admitir que la supremacía del petróleo no fue un breve arco en la historia del mundo y que ninguna fuente de energía alternativa podría reemplazarlo, ni permite que funcionen los sistemas de producción y desarrollo existentes. La información falsa y disfrazada raya el límite, ya que todos los sistemas alternativos (como paneles solares, nanotecnología, energía eólica, hidrógeno o centrales nucleares) se basan en tecnología informática avanzada a través de la cual, a su vez, el petróleo resulta esencial. En quince años, de 1960 a 1975, el consumo aumentó en 160%. En los países occidentales, el consumo en 1960 era de 65 millones de toneladas, en 1973 aumentó a 290 M/T y en 1978 llegó a 410 M/T.

El senador norteamericano Fullbright[66] dijo en el Senado en 1973: «Los productores árabes de petróleo son débiles, si llegan a amenazar el equilibrio económico de las grandes potencias industriales, afrontarían un riesgo terrible». El monopolio del petróleo y la hegemonía del dólar parecen partes indisolubles de un binomio perverso. El petróleo más caro realza el papel del dólar como moneda refugio y le fortalece más. Las guerras del petróleo son una auténtica encrucijada de la economía mundial. Causalidad económica de los conflictos bélicos que se producen en Oriente Medio.

---

[66] James William Fulbright (1905 - 1995), senador de USA, representante de Arkansas.

XI. La primera crisis del petróleo

A lo largo de la década de 1950, los países exportadores de petróleo estaban sujetos a un acuerdo conocido como cincuenta por cincuenta de acciones, lo que significa en la *praxis* que los países productores compensan el 50% de las ganancias de la franquicia. Esto es en realidad una pequeña parte de los ingresos petroleros, ya que, a finales de la década de los sesenta, los ingresos fiscales en los países productores constituían una cuarta parte de los ingresos de los gobiernos de los países importadores.

La crisis petrolera en la década de los setenta

La crisis del petróleo de 1973 fue solo un paso liderado por los países productores para mantener su hegemonía en el mercado internacional. Las compañías petroleras se unieron al plan de aumento de ganancias. La famosa crisis petrolera de 1973 se arregló por acuerdo suscrito entre los países de la OPEP y las principales compañías petroleras. Los estados miembros árabes de la OPEP decidieron imponer una prohibición y reducir la producción de petróleo en un 5%.

Los aumentos en los precios del crudo se produjeron como resultado de acuerdos entre los países productores y las principales compañías petroleras, así los países productores árabes adoptaron el embargo como medida política. En aquellos días, aparentemente, estos países tomaron como rehén a la economía mundial y la perturbaron. Esto no tenía nada que ver con la intención de aumentar el precio del petróleo. Sin embargo, la crisis fue en gran medida visible y fabricada. Finalmente, los países productores no han logrado el menor beneficio político.

La realidad estaba lejos de ser fingida, en 1973, no había escasez real de petróleo. Sin embargo, el ambiente de histeria que se respiraba en ese momento era real. La crisis de 1973 reforzó la presencia absoluta de las compañías petroleras, que controlaban el 80% de las exportaciones mundiales.

En el bloqueo más difícil ocurrido en aquellos momentos, las compañías Exxon, Shell, Texaco, Mobil, BP, Chevron y Gulf obtuvieron ganancias récords (Eric Laurent 2009).

Gestión del mercado y guerras

A lo largo de las últimas décadas, se ha observado una fuerte correlación entre los grandes aumentos de los precios del petróleo en el mercado internacional y las sucesivas escaladas de guerra en el Medio Oriente. Esta conexión se hizo evidente en el conflicto árabe-israelí, de 1973, después del cual el precio promedio anual del barril de petróleo aumentó en un 230%, subiendo de 4.6 dólares en 1973 a 10.7 dólares en 1974.

Este incremento fue fruto del resultado del bloqueo adoptado por los países árabes, que eran miembros de la OPEP, como medida de presión para obligar a los Estados Unidos y sus aliados occidentales a no apoyar a Israel.

En el curso de esta guerra, el precio del barril de petróleo se cuadruplicó, lo que encareció el combustible y el transporte, algo que condujo a políticas de restricción de energía en todos los países importadores para equilibrar su déficit comercial, si no hubiera sido por el hecho de que también coadyuvó a los intereses de las compañías petroleras occidentales y a los gobiernos occidentales.

La primera llamada crisis del petróleo en realidad estaba enmascarando una crisis anterior a través de una producción y redistribución de riqueza más profunda, sistémica y excesiva (Eduardo Giordano, Las guerras del petróleo 2003).

Los aumentos de precios siempre parecen vinculados a las decisiones de la OPEP de un lado o, más apropiadamente, la controversia de la prensa utilizada lo admite, al menos implícitamente. Dicho esto, el precio del petróleo no aumenta repentinamente en términos de una fuerte demanda, sino más bien debido a las medidas restrictivas de la oferta. Pero al enfocar el problema en la presunta arbitrariedad de la OPEP, sin explicar por qué sus recortes parecen acusarse solo a veces, es posible entender mal los hechos que realmente interfieren en los ajustes al suministro global de hidrocarburos, especialmente a los bloques económicos de los importantes países productores. Los métodos ideológicos que legitiman las luchas armadas se dirigen principalmente a Oriente Medio. La guerra contra el terrorismo lleva muchos años sucediendo y no se dirige contra solo un país.

De hecho, Afganistán fue la primera aventura declarada por el gobierno de los Estados Unidos desde el comienzo de los ataques, y se anunció con suficiente anticipación; la siguiente guerra fue contra Iraq. Todos ellos ataques planeados con diferentes aliados estratégicos. A otros países islámicos también les ha llegado su turno, extendiéndose el conflicto al Lejano Oriente, incluidos algunos que hasta ahora han sido un aliado incondicional, como Indonesia y Filipinas. La CIA defiende que los terroristas son Irán, Libia, Siria, Yemen y Sudán.

Estados Unidos, después de su ataque contra Afganistán e Iraq, dirigió la mirada al resto de los países acusados de terrorismo. Los medios de comunicación occidentales reprodujeron imágenes de revueltas populares y la represión masiva de los regímenes dictatoriales de los países con sospechas de terrorismo. Mientras tanto, los servicios de inteligencia desplazaron a los sectores que más influyeron en el surgimiento de los levantamientos populares contra los regímenes que ya han caducado para los intereses norteamericanos y occidentales.

Existen ingentes reservas de otros combustibles fósiles, dada la evidencia de sus riesgos irreversibles para su explotación masiva. Pero existen reservas comprobadas de petróleo para mantener el consumo actual durante muchos años. El problema del crudo va más allá de la cuestión del precio ya que las alternativas de hidrocarburos para hacer frente a décadas de supremacía del petróleo y el papel que desempeña en la economía en general, son aún ciertamente inconsistentes.

Las intervenciones geopolíticas y los conflictos de guerra en el Medio Oriente benefician cuantitativamente a las élites comerciales en los sectores de armas y petróleo. Paralelamente al precio del crudo, las corporaciones transnacionales en el sector duplicaron con creces sus ganancias mucho más que sus ventas. Por el contrario, una caída significativa en los precios a menudo cierra las franjas deficitarias en los países desarrollados.

La mayoría de las ganancias de las grandes compañías petroleras provienen del extranjero, pero parte de la disminución de las ganancias por la inversión en otras compañías. Además del impacto directo en los dividendos de las compañías petroleras, los aumentos repentinos en los precios del petróleo también permiten la inflación a medida que estas compañías evalúan los mercados bursátiles.

Los precios de las acciones de las compañías petroleras pueden ser muy optimistas según los analistas de la industria, alrededor del 10% por cada tres compañías en total. No hay duda de que las ganancias de las compañías petroleras multinacionales están aumentando, a tenor de un análisis de pronóstico de barril de precios del petróleo. Esta industria, que siempre se ha caracterizado por la formación de un monopolio internacional cerrado, se está convirtiendo cada vez más en un monopolio. El enfoque global de este sector ha sido rápido (Eduardo Giordano, 2003).

Históricamente, las guerras fueron excelentes escusas para controlar los países tercermundistas y exportadores del petróleo, en 1973 fue la guerra árabe-israelí, en 1979 llegó la segunda crisis del petroleó, el Imám Jomeini, y la ocupación soviética de Afganistán, en 1982 vimos la invasión israelí del Líbano.

Pero, finalmente, la cruzada contra el terrorismo fue la mejor excusa para apropiarse de las fuentes de energía mundiales. El universo del petróleo es un mundo oscuro y lleno de codicia, traiciones y corrupción.

Las cifras exageradas de los hallazgos y las reservas globales

Las cifras relacionadas con las reservas mundiales de petróleo no son del todo ciertas ya que en muchos casos se aumentan deliberadamente por los países productores, los cuales las consideran un verdadero secreto de estado.

Por esa razón, los datos sobre las reservas mundiales de petróleo son erróneos y sobrevalorados. Los países productores y las compañías petroleras manipulan sin ambages la opinión pública.

Según lo expuesto, los números que indican el verdadero tamaño de los recursos petroleros mundiales, proporcionados por los países productores y las compañías petroleras, la mayoría de las veces son inconsistentes con la realidad. Por un lado, los productores exageran el nivel de sus reservas, aumentando su influencia y peso financiero. Por otro lado, las compañías petroleras hacen lo mismo y se esfuerzan por enviar un mensaje tranquilizador a los inversores sobre los beneficios económicos.

Por su parte, los gobiernos consumidores cierran los ojos para evitar la impopularidad. Además, el precio del petróleo que pagan los consumidores es una transferencia real de riqueza a los estados a través de impuestos. Entre gobiernos exportadores, gobiernos consumidores y petroleras hay mucha exageración en las cifras de los descubrimientos y reservas del petróleo.

El volumen de ingresos petroleros

Los beneficios petroleros de Libia incluyen ingresos por ventas de petróleo crudo, líquido de hidrocarburos, derivados de petróleo y petroquímicos, así como impuestos y tarifas de contratos de concesión.

Los ingresos petroleros libios ascendieron a unos 20.3 mil millones de dólares desde principios del 2019 hasta finales de noviembre del mismo año, según una estadística del Banco Central de Libia.

El dinero del petróleo regresa después de la exportación de envíos de petróleo y gas al Banco Central de Libia, luego, los organismos ejecutivos representados en el Gobierno del Acuerdo Nacional gastan grandes sumas de estos fondos en las líneas presupuestarias generales del país cada año.

Racionalización y control del petróleo

La ambigüedad junto a la desinformación dominan el mundo del petróleo en nuestros días. Con todo, la importancia del petróleo aumentará a pesar de su declive, mientras que la energía alternativa está lejos de poder reemplazarlo.

Al final de la Primera Guerra Mundial, había dos millones de vehículos en todo el mundo. En 1950, el número alcanzó los cien millones de automóviles y, en el momento del embargo impuesto por los países productores de petróleo en 1973, existían más de 300 millones de coches y camiones en circulación.

Decididamente, el petróleo crudo y el gas se encuentran entre las materias primas que mejoran el papel estratégico de los países occidentales, gracias al bajo coste de su extracción y los beneficios excepcionales que llevan implícitos. El petróleo es la base de nuestra prosperidad y su existencia enriquece nuestra vida diaria y nuestro futuro.

En este sentido, el crudo ha asegurado un crecimiento y una bonanza sin precedentes, pero los consumidores finales nunca han podido acceder ni siquiera a una mínima fracción de la verdadera información. Durante décadas, el petróleo barato y abundante ha servido a Occidente como vivificante y anestésico. Le aportó prosperidad, pero también insolencia y prejuicio. Y debido a su importancia capital, no sorprende que sea abundante la información errónea, que revelan las personas que controlan el negocio energético, las empresas y los países interesados en preservar su monopolio. El control del petróleo era y es uno de los principales objetivos por parte de las superpotencias. Huelga decir que su poder absoluto dependía de su control energético.

¿Y ahora qué va a pasar?

Aunque el Consejo de Seguridad considera que el gobierno de Trípoli es el poder legítimo en Libia, el mariscal Jalifa Haftar ha podido expandir su influencia política, económica y militar a expensas del gobierno de Trípoli.

Y a pesar de que las fuerzas del mariscal no han podido controlar a la capital, Trípoli, sí que han podido expandir su control sobre los campos petroleros, especialmente aquellos que se extienden entre el suroeste como Al-Sharara (Repsol) y Al-Feel (Eni) y los puertos de exportación de petróleo. Dicho de otro modo, ahora controla la mayor parte de las instalaciones y puertos petroleros.

Por lo tanto, se puede decir que el general Haftar y las fuerzas tribales leales a él controlan más del 80 por ciento de la riqueza petrolera de Libia.

Lejos del enfrentamiento militar y económico entre la parte este y oeste del país, las instituciones estatales en Libia se están moviendo fuertemente hacia la división entre los poderes del gobierno de Bengasi y el gobierno de Trípoli. Ambos gobiernos tienden a completar la construcción de sus instituciones económicas, ya que Libia tiene dos instituciones petroleras, y no solo la NOC, una en Bengasi y la segunda en Trípoli, y cada una de ellas posee también su propio banco central.

El Banco Central de Libia ya no tiene autoridad exclusiva sobre la fuente de efectivo que circula actualmente en este país. El gobierno de Bengasi depende gradualmente de los billetes impresos en Rusia, mientras que el gobierno de Trípoli lo hace de los billetes impresos en Inglaterra. Esto ha llevado a un deterioro progresivo del dinar libio y a la expansión del mercado negro en el que su precio frente al dólar ha caído a casi una décima parte del precio oficial.

No tenemos estimaciones confiables del volumen actual de producción de petróleo en Libia. Pero la actividad diaria está descendiendo bruscamente desde principios de este año 2020 hasta que cayó a mediados de abril a alrededor de 80 mil barriles por día, lo que equivale casi a un 5 por ciento de la producción promedio durante el año pasado. Las negociaciones de la Conferencia de Paz de Berlín, celebrada el 19 de enero de 2020, incluyeron un eje económico relacionado con la necesidad de dividir los ingresos de exportación de petróleo de manera justa entre el este y el oeste de Libia, donde el mariscal Haftar se quejó de que el gobierno de Trípoli controlaba la mayor proporción de los ingresos de crudo.

Desde que la conferencia concluyó hasta el momento, la Misión de Asistencia de las Naciones Unidas para Libia no ha podido establecer un mecanismo para dividir los ingresos del petróleo, al igual que no ha podido operar el mecanismo de monitoreo de alto el fuego. Y debido a la falta de un mecanismo para resolver la disputa sobre la división de los ingresos petrolíferos, la lucha por el petróleo de Libia está lejos de resolverse.

El oro negro de Libia se volvió muy negro

Según la Corporación Nacional de Petróleo de Libia (NOC), la disminución forzada de las tasas de producción impuesta por los cierres causó pérdidas financieras significativas, que superaron los 2,1 mil millones de dólares desde principios de este año 2020.

Según sus estimaciones, la pérdida diaria de petróleo ascendió a alrededor de 1,1 millones de barriles, por su parte, la pérdida acumulada de producción alcanzó alrededor de 36 millones de barriles, mientras que las pérdidas diarias superaron los 61 millones de dólares.

La producción diaria promedio de petróleo en Libia superó los 1,2 millones de barriles de petróleo por día antes del anuncio de la "fuerza mayor" del 18 de enero de 2020.

A nivel nacional, la NOC afirmó que continúa proporcionando combustible en las regiones oriental y central en cantidades suficientes para satisfacer las necesidades de transporte y las demandas ciudadanas. Señaló que los depósitos de almacenamiento en Trípoli y algunas de las áreas circundantes junto a las regiones del sur todavía sufren la falta de suministro debido al deterioro de las condiciones de seguridad. El precio del petróleo al día 19 de junio de 2020, según Brent, era de 42.800 dólares y según la cesta de la OPEP se situaba en 39.550 dólares.

La cruzada por el petróleo de Libia

Como ya habíamos mencionado antes, la batalla por el petróleo libio implica dos instituciones oficiales, dos bancos centrales, dos gobiernos, dos parlamentos y dos regiones libias, una en el este y la otra en el oeste, enfrentados causando una fuerte caída en la producción y los ingresos del país norteafricano, que paradójicamente cuenta con las mayores reservas petrolíferas de toda África.

Cualquier grupo armado o tribu poderosa puede controlar uno de los campos petroleros situados en su zona de influencia.

Pero a pesar de la importancia de las consideraciones geopolíticas de carácter regional e internacional para el conflicto en curso en Libia desde la caída del coronel Muammar Al-Gadafi, las principales partes involucradas en el conflicto consideran que el petróleo es el mayor premio para el vencedor que gane la batalla.

¿Quién controla el petróleo de Libia?

En 1969 el rey Idris fue derrocado, después del golpe de estado capitaneado por Gadafi, fecha en que Libia anunció la nacionalización de sus activos petroleros. En 2011 las divisiones libias surgieron durante el levantamiento apoyado por la OTAN, en tanto que el coronel Gadafi fue derrocado y asesinado en Sirte, su ciudad natal. El crudo y el gas son las principales fuentes de ingresos del país. A este particular, la producción de petróleo en los dos primeros años después del derrocamiento de Gadafi rondaba los 1,4 millones de b/d, la cual siguió este nivel de producción hasta el inicio de las protestas a mediados de 2013, que hicieron que se redujese a poco más de 200.000 b/d.

En 2014, Libia se dividió aún más. Los enfrentamientos entre milicias rivales propiciaron el desplazamiento de cientos de miles de personas de sus hogares. El parlamento reconocido internacionalmente huyó de la capital, Trípoli, a la ciudad oriental de Tubruk, y surgió una autoridad competidora en la capital, con el apoyo de actores externos.

Si bien la NOC[67] se ha mantenido en gran medida al margen de la política, el control de las instalaciones petroleras se ha convertido en una moneda de cambio importante para las milicias y sus partidarios políticos tanto nacionales como extranjeros. La disminución de los ingresos del petróleo significó que el Banco Central de Libia debía utilizar las reservas de divisas del país para pagar los salarios. En consecuencia, muchos trabajadores del sector público pasaron meses sin paga.

---

[67] National Oil Company.

A finales de 2014, los precios internacionales del petróleo cayeron, entonces quedó menos claro quién estaba realmente a cargo del petróleo libio. Los riesgos de seguridad y el confuso marco legal hicieron que las compañías petroleras extranjeras desconfiaran de la posibilidad de trabajar en Libia e incluso de comprar petróleo libio. Mientras tanto, los recursos financieros del país se han deteriorado al máximo y las milicias han proseguido luchando por el control de la infraestructura petrolera del país.

Las Naciones Unidas trataron de poner fin al estancamiento sangriento que paralizó al país, pero no lograron calmar la situación ni poner orden político institucional, ya que mientras no se llegase a un acuerdo sobre cómo gobernar el país, administrar el sector petrolero y distribuir los ingresos, las perspectivas de Libia seguían siendo claramente sombrías.

Al menos 400 mil personas han sido desplazadas internamente en Libia desde mayo de 2014. En enero de 2015, el precio del petróleo cayó por debajo de 50 dólares por barril por primera vez desde 2009.

Desde 2014, el país ha estado dividido entre dos campos rivales en Trípoli (oeste) y Bengasi (este), cada uno de ellos con sus propias instituciones. La mayoría de las instalaciones petroleras libias están ubicadas en áreas controladas por las fuerzas militares del este, leales al comandante militar Khalifa Haftar.

Mientras las potencias mundiales tratan de revivir el proceso de paz debilitado por las luchas armadas, las terminales de exportación de petróleo en el este y los principales campos petroleros en el suroeste se cerraron, en lo que parecía ser un complejo juego de influencias. Las autoridades del este sostienen que el cierre fue el resultado de la presión pública, pero la Corporación Nacional del Petróleo dice que está directamente ordenada por el Ejército Nacional de Libia.

XII. A modo de conclusión

Solo durante la década de 1960, el mundo consumió alrededor de 6 mil millones de barriles anualmente y se descubrieron entre 30 y 60 mil millones de barriles cada año.

Actualmente, la proporción se ha invertido por completo, esto es, consumimos más de 30.000 millones de barriles al año, mientras que los descubrimientos realizados en 12 meses no superan los 4.000 millones de barriles. El petróleo también se encuentra en todas partes en los sistemas de enfriamiento que almacenan alimentos básicos, así como vitaminas, minerales y colorantes añadidos.

La fabricación de contenedores, papel, plástico y celofán para hornos microondas o para protección y envasado también depende del petróleo, así como la distribución de estos alimentos en camiones refrigerados para hospitales, escuelas, tiendas y restaurantes.

El uso del petróleo ha ayudado también a desarrollar la agricultura (gracias a todos los derivados de combustibles fósiles, fertilizantes, pesticidas y el crecimiento de la población mundial).

Sin embargo, a partir de ahora se impone una nueva realidad, la tasa a la que consumimos este combustible fósil no renovable hoy es un millón de veces mayor que la tasa a la que se genera.

Dado el entrelazamiento de los intereses geoestratégicos y económicos, muchos países del mundo están presentes en la lucha por el petróleo libio. Italia, Francia, Alemania, Inglaterra, Turquía, Grecia, Egipto, Arabia Saudí, Emiratos Árabes, Qatar, Estados Unidos, Rusia y muchos otros están muy interesados en el conflicto libio.

Todos saben que solo una de las partes podrá hacerse con el pastel completo. Es por eso que la escena actual refleja la distribución de intereses y entendimientos mutuos, y cada poder busca obtener la mayor parte del gran premio.

El futuro del petróleo

Libia es considerada uno de los países productores de petróleo más importantes del mundo, especialmente en términos de reservas comprobadas que pueden utilizarse para la explotación comercial.

Los cálculos de reservas más recientes se remontan al 2016, cuando se estimaron que supera los 48 mil millones de barriles, lo que coloca a Libia en la novena posición a nivel mundial, con una participación equivalente al 2.9 por ciento de la reserva global. Esta estimación de reservas es muy baja en vista del tremendo desarrollo que ha ocurrido en la tecnología de extracción de petróleo durante los últimos cuatro años, amén de la interrupción de la investigación y exploración debido a los diversos conflictos armados.

A la luz de lo expuesto, la cantidad de reservas comprobadas que pueden explotarse comercialmente en Libia podría duplicar los números que estaban disponibles hasta 2016.

Del mismo modo, debemos tener en cuenta que estas estimaciones no incluyen una parte importante de la riqueza potencial de petróleo y gas en las aguas profundas frente a la extensa costa de Libia en el sur del Mediterráneo.

Según los acuerdos de producción compartida, con la participación en costos y ganancias, que representa el modelo utilizado en las relaciones entre la NOC (Corporación Nacional de Petróleo de Libia) y las compañías que operan en la exploración terrestre y marina, Libia obtiene casi la mitad de la producción de petróleo extraída localmente, mientras que las compañías internacionales adquieren la otra mitad.

Esto significa que cuando decimos que la producción de petróleo de Libia asciende a dos millones de barriles por día, la participación del gobierno libio es de solo un millón de barriles, no de dos millones.

Estos acuerdos estipulan que la Corporación Nacional del Petróleo (NOC) es el representante del gobierno libio en los acuerdos de asociación, y que los ingresos de exportación de petróleo van al tesoro del Banco Central de Libia para ser invertidos en varios aspectos del presupuesto público.

La riqueza petrolera libia se concentra en lo que se conoce como la región de la 'media luna petrolera', donde se sitúan las refinerías y las estaciones más importantes para exportar petróleo al extranjero.

Desde 2014, la región de la 'media luna' ha estado dentro de la esfera de influencia del comandante del Ejército Nacional de Libia, el mariscal Jalifa Haftar, y la Cámara de Representantes (Parlamento) con sede en la ciudad de Tubruk, al este de Libia.

En los últimos años, el mariscal Haftar ha logrado, en cooperación con las tribus, extender su influencia a las áreas importantes de riqueza petrolera en el sur y oeste del país, a la vez que controlar el campo de Al-Sharara (Repsol), que es el mayor núcleo petróleo libio, ya que su producción por sí sola alcanza más de 300 mil barriles por día, lo que equivale al 25 por ciento de la producción anual, en promedio, en los últimos años, que se estima en 1,2 millones de barriles por día.

Sin embargo, la producción de petróleo libia, que cayó de más de 1,6 millones de barriles diarios antes de la caída del régimen de Gadafi a menos de 100 mil barriles en la actualidad, está sujeta a continuas fluctuaciones debido a los enfrentamientos entre los grupos armados por los conflictos de interés.

Y dado que el estado se derrumbó por completo y ya no existe en el sentido funcional de la palabra, cada grupo armado o tribu poderosa puede reunir su poder y controlar uno de los campos petroleros para utilizar sus ingresos a fin de financiar sus propias necesidades o detener la producción por completo para privar al estado de tales beneficios.

Esta escena, que se repite a diario, prácticamente detiene la producción o cierra las tuberías de exportación. Por lo tanto, las empresas extranjeras que operan en el sector del petróleo y el gas en Libia han dejado de invertir y se ocupan de los hechos sobre el terreno día a día, según sea el caso.

En el nivel del mapa mundial del petróleo, Libia es parte del sistema energético europeo, y los países de la Unión Europea lo ven como un recurso importante geográficamente cercano a los suministros de energía que deben ser asegurados y maximizados. En condiciones normales de producción, Libia es la tercera fuente más importante de suministros europeos, después de Noruega y Rusia.

En este contexto, los intereses de compañías como Eni de Italia y Total de Francia representan fuertes motores de actividades petroleras en el país norteafricano. Además de las citadas, la compañía española Repsol y otras petroleras estadounidenses como ConocoPhilips, Hesse, Marathon y Occidental también poseen una gran parte de la riqueza petrolera de Libia. Por su parte, las compañías petroleras rusas se unieron a este grupo de empresas petroleras europeas y americanas que operan en Libia, y pudieron obtener jugosos contratos antes de la caída del régimen de Gadafi, especialmente después de la visita del presidente ruso Vladimir Putin en 2008, donde se reunió con el coronel Gadafi y acordó con él eximir a Libia de pagar las deudas que tenía con Rusia por valor de 4.500 millones de dólares a cambio del acuerdo de Gadafi de otorgar a las empresas rusas sustanciosos contratos en busca de petróleo y de construir proyectos de infraestructura allí.

Con este acuerdo, Rusia se ha convertido en uno de los principales actores en el escenario del conflicto libio, junto con los países de la OTAN.

Por lo tanto, los intereses de las compañías como Ross Oil, Gazprom y Tat Oil están al lado de Eni, Total, Repsol, ConocoPhillips y Hesse en el este y oeste de Libia, tanto en tierra como en alta mar dentro de franquicias distribuidas entre la zona de la 'media luna petrolera' en el este, que aporta casi la mitad de la riqueza petrolera de Libia a la bahía de Ghadames en el oeste y las ricas áreas de concesión en el suroeste de Libia.

Esta diversidad en el mapa de los intereses petroleros libios refleja la naturaleza de la lucha de poder entrelazada.

XIII. CONCLUSIÓNES FINALES

La energía en la crisis libia juega un papel crucial entre las partes implicadas en el conflicto libio, entre los estados regionales y el contexto global de la geo-energía. Libia, con sus cuatro cuencas, la más importante de las cuales es la de Sirte, está cooperando de manera activa con varias empresas internacionales, desde Italia hasta Alemania, Francia, España y los países del Golfo

También exporta petróleo a varios países, los más destacados son Italia, Alemania, Francia, China y España. Pero, al mismo tiempo, es un paso importante para el uranio y el gas natural de África, y esto hizo que un país como Francia interviniera fuertemente en los asuntos de Libia. África del Norte también es una alternativa a la Unión Europea para diversificar sus fuentes de energía y reducir la dependencia del gas ruso.Esto ha determinado que el conflicto interno en Libia se convierta lentamente en un conflicto regional, y parece que se convertirá en un conflicto de tinte internacional después de los informes de la intervención rusa en Libia.

Ello hace que la dinámica del conflicto sea compleja y confusa, ya que las empresas que consumen energía en Libia juegan el papel de cabildear sobre el resto de países para alcanzar una solución a la crisis libia.

No fue coincidencia que Libia fuera testigo de un conflicto sangriento en su territorio durante la Segunda Guerra Mundial y, menos aún, que el descubrimiento de petróleo en su subsuelo fuese el comienzo de una serie de cambios radicales en la estructura de sus instituciones, incluido el poder del golpe de Gadafi que distorsionó su curso y destino, todo porque la bendición del petróleo se completa solo con la gestión interna, el consenso y la cooperación, en tanto que los regímenes regionales e internacionales parecen estar presenciando un deterioro que predice significativos cambios en la región.

Al-Sadiq Al-Nayhum dijo en 1965 que:

> Libia es un país construido con paja y está flotando sobre lagos de petróleo... Lo que facilita que se produzca un incendio en él... para quemarlo desde sus cimientos. No quedará nada de él salvo los huesos de los cerdos... pero esto no pasará ahora porque nosotros todavía no hemos descubierto el fuego... Nosotros, los primitivos, arraigados en la mezquindad y la terquedad... Sin embargo, eso no es todo... Los otros también viven una era igual, y practican el mismo tipo de vida confusa... Ellos no nos superan de todos modos, pero irradian, de una manera oscura, que son seres humanos mucho mejores que nosotros... Y esto me confunde hasta el punto de sentirme paralizado.

El tesoro que todos quieren

La mayoría de las instalaciones petrolíferas de Libia se encuentran en las regiones petroleras de Al-Hilal Al-Nafty ('media luna petrolera').

En relación con la región de Hilal, se extiende desde el puerto de Zuitina, al noreste de la ciudad de Ajdabiya, pasando por Brega y Ras Lanuf, hasta el puerto de Al-Sidra.

El área de esta zona es de aproximadamente 250 km, y su importancia radica en el hecho de que incluye las mayores reservas de petróleo del país, así como la presencia de los puertos de exportación de petróleo situados en la entrada de Europa, de los cuales los más destacados son el puerto de Al-Sidra, Ras Lanuf y El-Brega.

Enigmas e Incertidumbres

Según algunas fuentes, las reservas probadas de petróleo crudo de Libia alcanzaron los 48 mil millones de barriles a fines de 2014, lo que constituye el 38% de las reservas del continente africano, siendo el noveno país en la posesión de reservas de petróleo a nivel mundial. Más aún, según los últimos datos de la National Oil Corporation (NOC), la producción de petróleo crudo del país aumentará a 1.2 millones de barriles por día.

Ahora, quedan varias preguntas en el aire que debemos abordar en las últimas páginas de este libro, algunas de las cuales son:

¿Por qué está España ausente en la crisis libia?

¿Quién conquistará el petróleo de Libia?

¿Cuándo veremos las últimas pataletas de Repsol en Libia?

Estrategias para influir en el corazón del futuro político de Libia

Los observadores monitorean múltiples intereses de Francia en Libia, divididos entre intereses económicos, que incluyen la adquisición de parte de la tarta de petróleo y la reconstrucción.

Y, por último, intereses políticos y estratégicos, que incluyen asumir un papel de liderazgo en Europa, evitar el surgimiento del islam político y disminuir la influencia turca en la región, además de alejar el peligro de la entrada masiva de refugiados a Europa.

Las herramientas del país galo para alcanzar estos intereses varían, a veces abogan por la mediación política, otras por el uso de la fuerza militar, incluso plantean el arbitraje de intermediarios o agentes.

Francia solicita una parte justa y razonable del pastel del petróleo de Libia, mientras que Repsol ni pide ni dice nada.

Sin olvidar la lucha por los minerales, el petróleo y la influencia entre Italia, que es el país con más conocimientos de Libia, y Francia, que todavía está descubriendo este país, ¿qué quiere realmente Repsol en Libia? ¿Por qué este absoluto silencio, que puede perjudicar sus posiciones en el país norteafricano?

La rivalidad italiano-francesa en Libia realmente ha aumentado en los últimos años hasta el punto de intercambiarse una sarta de quejas y acusaciones entre ambos países. Roma no asume la interferencia francesa en un país que considera parte de su influencia como una antigua potencia colonial, mientras que París se apega a sus intereses políticos y económicos en el rico país petrolero, que es la mejor puerta de entrada a África. Entre los rostros visibles de este conflicto no aparece Repsol, que se encuentra totalmente exánime ante la feroz competencia que se libra entre la compañía francesa Total y la italiana Eni.

A pesar de todo, Repsol ni siquiera quiere aparecer pública y oficialmente como un mediador, para tratar de mejorar los puntos de vista entre las partes libias y coordinarse con la NOC para asegurar sus posiciones e incluso mejorarlas.

En la actualidad, el futuro político de Libia está parcialmente condicionado por el enfoque geopolítico competitivo entre Francia e Italia. En un país donde más de cincuenta milicias y grupos políticos armados compiten por el control del estado y los pozos petroleros, Roma y París defienden dos puntos de vista completamente antagónicos. El gobierno italiano se ha alineado con la posición oficial de las Naciones Unidas al reconocer al gobierno de Trípoli, que fue nombrado en 2016 por la UNO, como el único gobierno legítimo. Mientras tanto, Francia mantiene su adhesión al jefe del ejército nacional comandado por el mariscal Haftar y apoyado con el legítimo parlamento libio con sede en la ciudad de Tubruk de Cirenaica.

A través de su apoyo a la fuerza de Trípoli, Italia también asegura la importante terminal petrolera en Melita, que es administrada conjuntamente por la Compañía Nacional de Petróleo (NOC) y el Grupo Eni. Con la excepción de las otras ciudades libias, que aceptan el papel de Italia, Cirenaica sigue siendo históricamente una resistencia a la autoridad italiana y rechaza abiertamente su identidad colonial.

La desestabilización de la economía petrolera libia no fue una catástrofe para todos ya que la gigante empresa francesa Total logró aprovechar esta situación, que enfureció a Italia, para reinvertir el sector petrolero aprovechando la vacante causada por las operaciones militares. Pocos días después de que terminara el bombardeo de la coalición, el Consejo Nacional de Transición (NTC) de Libia planteó la posibilidad de otorgar el 35% de las futuras concesiones de petróleo libias a Total. Una bendición para este receptor que, antes de la caída de Gadafi, tenía una participación moderada de 55.000 barriles por día en comparación con el grupo italiano Eni, que poseía una gran participación de más de 244.000 barriles por día. Estos hechos componen una nueva situación geopolítica que representa hoy uno de los factores decisivos en la competencia franco-italiana en Libia.

Italia obtuvo, a través de la compañía Eni, grandes contratos en 2007 para invertir gas en la región de Melita, en el oeste del país, mientras que Francia ganó en 2010 a través de la compañía Total un contrato para invertir gas en la cuenca de Nalut, en el oeste del país, próxima a Melita. Antes de que Libia rescindiese el contrato con la compañía francesa después de una controversia legal, en marzo de 2018, la petrolera francesa Total anunció una recompra, del 16.3%, de las concesiones petroleras propiedad de Marathon Oil en los campos de Al-Waha, una posición francesa en el este del país. Pero Francia no podía dar este paso sin un aliado local que le permitiese mantener la relativa estabilidad de sus intereses en el este.

Por lo que se refiere a la petrolera española, en 2008, Repsol firmó un acuerdo con Trípoli para hacerse con una parte sustancial de los contratos de exploración y extracción para los yacimientos NC 115 y NC186. Los contratos se extendieron hasta el final de 2032. Se acordó una bonificación de 1.000 millones de dólares. También pactaron cinco años de período de exploración para NC115, NC186 y NC187, fijando el factor para la exploración en el 12%. En 2010 Repsol destinó 83 millones de euros, mientras que un año antes se gastó 136 millones.

La prórroga acordada con la NOC supuso para Repsol una inversión de 2.000 millones de dólares (unos 1.390 millones de euros) para alcanzar una producción de 380.000 barriles al día.

La intervención neutra del gobierno español en el conflicto

El presidente español, Pedro Sánchez, podría aparecer en el escenario como mediador neutral para defender los intereses de su país y su compañía petrolera en Libia, la cual podría perder muchas de sus ventajas frente a Total y Eni.

El mercado de reconstrucción de Libia

El mercado de reconstrucción de Libia atrae a las empresas francesas, italianas y turcas ya que después de la caída del régimen del difunto coronel Muammar Al-Gadafi, se estima que el costo de la reconstrucción libia puede ser de aproximadamente 200 mil millones de dólares en un período de diez años. El gobierno español, que representa los intereses de las empresas españolas en el extranjero, debería apoyar y trabajar en la búsqueda de una solución justa y definitiva para terminar con el conflicto libio, y, así, asegurar la esperanza de que España, que desempeñó un papel decisivo en el despertar del economía libia, mantuviese su participación en las inversiones de este país.

La bendición maldita

La pregunta más común que debería circular en los países productores de petróleo tendría que ser la siguiente: ¿es el petróleo una bendición o una maldición?

En Libia, mucha gente suele decir que el petróleo es una maldición porque gracias al petróleo, mal llamado oro negro, ven más miseria que abundancia, más corrupción que honestidad y más complots internacionales que solidaridad hacia la ciudadanía. En nombre del petróleo conviven con la injusticia y sufren el desprecio, duermen con la incertidumbre y despiertan con las mentiras, leen noticias falsas y oyen a diario los taimados discursos de que el enemigo quiere robarles su petróleo a pesar de que ellos nunca han visto tan preciado tesoro.

Los habitantes libios piensan que el petróleo es una maldición porque nunca han constatado las verdaderas ventajas que deberían corresponder a los países petroleros, en este sentido, no viven en flamantes ciudades con modernos servicios y resplandecientes espacios públicos, no disfrutan de una seguridad social digna, no poseen adecuados sistemas educativos, no disponen de centros de salud sofisticados ni tienen suficientes ingresos propios.

Lo normal es que el petróleo sea una bendición omnipotente para los afortunados países que lo poseen, así como una suerte divina para sus ciudadanos, pero en Libia no ocurre esto.

Muchos países petrodólares poseedores de grandes cantidades de petróleo y gas, ganan centenares de miles de millones de dólares por la venta de estos productos, pero solo unos pocos gobiernos de los supuestamente afortunados agraciados con el oro negro aprovechan esta bendición y riqueza en pos del bienestar de sus conciudadanos.

De hecho, son escasos los gobiernos que invierten estas ganancias en fortalecer el futuro de sus países, reconstruir sus ciudades, levantar sus instituciones, perfeccionar sus sistemas sanitarios, optimizar sus servicios generales, renovar sus métodos educativos y mejorar la vida de sus ciudadanos.

La mayoría de gobernantes de países productores de petróleo gastan los formidables ingresos obtenidos en someter a sus habitantes y corromper a los avariciosos para conservar sus dorados tronos. Dilapidan grandes fortunas en sus suntuosos palacios y en sus ostentosas vidas, utilizan el patrimonio del país para inmortalizarse y eternizar su ridículo nombre a costa de la nación. Malgastan cientos de millones en sus vergonzosas orgías y extravagantes comportamientos, también en sobornar a los corruptos y apoyar a los terroristas. Regalan el dinero para su enfermizo ego y sus podridos pensamientos, a la vez que entregan inmensas fortunas para matar, conspirar, destruir y aniquilar a sus oponentes.

Muchas petroleras y sus poderosos países destruyen estados exportadores de petróleo y hunden a sus ciudadanos en la más absoluta miseria, para satisfacer sus enfermizos deseos de poder y gloria. Así, convierten la bendición del petróleo en una auténtica maldición.

El difunto ex rey Idris dijo en un mensaje dirigido al pueblo libio: «Hijos míos, el petróleo es una bendición pero también es una maldición, así que tened cuidado con la maldición».

Bibliografía

Ahmouda, M. (2014). *The Impact of oil Exports on Economic: Growth - The Case of Libya*. (Tesis doctoral - Ph.D.). Gzech University of Life Sciences. Faculty of Economic and Management. Praga, R. Checa. Recuperado: 09/11/2015. Disponible en: https://www.pef.czu.cz/dl/45941

Allan, J. A. (1982). *Libya since independence: economic and political development*. London, UK: Croom Helm Ltd.

Alburquerque, F. (30 de marzo de 1987). Los límites de las políticas económicas. Subdesarrollo y dependencia. Diario El País. Fecha acceso: 16/05/2015
Recuperado en: https://elpais.com/diario/1987/03/30/economia/544053601_850215.html

Anaya, J. J. (2012). Estudios de caso de la política exterior española hacia el Mundo Árabe y Musulmán: Libia. *Revista de Estudios Internacionales Mediterráneos* N°12. Fecha acceso: 02/07/2016 Disponible en:
https://sites.google.com/site/teimrevista/numeros/numero-12-enero-2012-junio-2012/

Annese, M. (17 marzo 2011). Le avventure di un geologo del petrolio in Libia "Blog post" scienzeedintorni. Fecha acceso: 02/11/2017. Recuperado de:
http://aldopiombino.blogspot.com.es/2011/03/le-avventure-di-un-geologo-del-petrolio.html

Astarita, R. (7 de junio de 2013). Renta petrolera y capitalismo de estado [Blog post]. Fecha acceso: 01/03/2015. Recuperado de: **https://rolandoastarita.blog/2013/05/19/renta-petrolera**

al-Barbār, 'A. M. (1996). *Dirāsāt fī tārīj Lībiyā al-ḥadiyt*. (Estudios en la historia moderna de Libia). Valeta, Malta: Manšūrāt ilqaā'.

al-Gadāmsī, M. 'A. (1998). *al-Nafṭ al-lībī: Dirāsa fī al-ŷugrāfiyya al-iqtiṣādiyya wa intāŷiyyat al-nafṭ wa-l-gāz al-'arabī* (El petróleo libio; un estudio en la geografía económica y la productividad de petróleo y gas árabe). Trípoli, Libia: Dār al-rūād.

al-Rabī'ī, F.J. (2008). *al-Qiṭā' al-ṣinā'ī al-taḥūlī wa-'amalīat al-taḥaūl al-haīkalī fī al-iqtiṣād al-lībī* (El sector industrial transformacional y el proceso de transformación estructural en la economía libia). Derna, Libia:Ŷāmi'at Ūmar al-Mujtār.

al-Rubān, M. (2014). *Dirāsāt fī tārīj Lībiyā al-ḥadīṯ wa al-mu'āsir* (Estudios de la moderna y contemporáneo historia de Libia). Amman, Jordania: Dār al-yalzwrī.

al-Ŷamīlī, Q. (2003) Ṣafaḥāt min tārīj Lībiyā al-ḥadīṯ wa-l-mu'āṣir (Páginas de la historia moderna y contemporánea de Libia). Bengasi, Libia: Dār al-Kutub al-Waṭaniyya.

Beblawi, H. (1987). The rentier state in the Arab world. *Arab Studies Quarterly*, Vol. 9 (4) pp. 383-398.

Birks, S. & Sinclair, C. (1984*). Libya: Problems of a Rentier State.* (*STA IN North Africa*). London, UK: Croom Helm.

Bushheua, M. M. (1986). *The impact of military rule on Libyan's modernization and political development.* (Tesis doctoral). University of Southern California, Los Angeles, California.

Catalán, J. (2005). Bayer, CEPSA, REPSOL, Puig, Schering y La Seda. Constructores de la química española/ Nùria Puig. Madrid, LID Editorial, 2003, 265 pp. *Investigaciones de Historia Económica*, *1*(3), 211-215.

Cerimele, L. (2015, febbraio 2). *Libia e petrolio nella storia d'Italia: un breve excursus. europinione.it.* Fecha acceso: 12/06/2017.
Recuperado de: http://www.europinione.it/libia-e-petrolio-nella-storia-ditalia-da-ardito-desio/

Department of Information and Cultural Affairs. (1977). *Socialist Popular Libyan Arab Jamahiriya: Facts and Figures.* Trípoli, Libya: D.I.C.A.

Díaz Ronda, D. (2018). Análisis de la historia y del sector del petróleo e hidrocarburos. Repsol vs. compañías norteamericanas.

El Mallakh. R. (1969). The Economics of Rapid Growth: Libya. *Middle East Journal*, 23 (3), 308-320. Recuperado: 13/12/2015. Disponible en: http://www.jstor.org/stable/4324474

El-Fathaly, O.I. y Palmer, M. (1980) *Political Development and Social Change in Libya.* Kentucky, USA: Lexington Books.

Fargani, M. O. (2013). *An Empirical Analysis of Economic Growth in Libya.* (Tesis doctoral). University of Western Sydney. Sydney NSW, Australia.

First, R. (1980). *Libya: class and state in an oil economy. Oil and Class Struggle.* London, UK: Zed Press.

Ganem, Salah Elgabu (2019). El petróleo en la construcción de la identidad libia. Tres décadas de transformación social en Libia 1950-1985.

Gānim, Š. (1982). *al-Iqtiṣād al-lībī qabla al-nafṭ* (La economía libia antes del petróleo). Beirut, Líbano: Ma'had al-Inmā' al-'Arabī.

Gānim, Š., (1985). *al-Nafṭ wa-l-iqtiṣād al-lībī 1953-1970*. (El petróleo y la economía libia 1953- 1970). Beirut, Líbano: Ma'had al-Inmā' al-'Arabī.

Giordano, E. (2003). *Las guerras del petróleo: geopolítica, economía y conflicto*. Barcelona, España: Icaria Editorial.

Habib, H. (1975). *Politics and government of revolutionary Libya*. Ottawa, Canadá: National Library of Quebec.

Halpern, M. (2015). *Politics of Social Change: In the Middle East and North Africa*. New Jersey, USA: Princeton University Press.

Harris, L. C. (1986). *Libya: Qadhafi's Revolution and the Modern State*. Colorado, USA: Westview Press.

Higgins, B. H. (1953). *The economic and social development of Libya*. USA: United Nations publications.

Ibrahim, S. E. (1982). *The New Arab Social Order: A Study of the Social Impact of Oil Wealth*. Kent, UK: Croom Helm.

Isbell, P. (2005, Julio). Los precios del petróleo: la situación actual y perspectivas futuras [archivo PDF]. *Boletín Elcano Vol. 72*, 1-10. Fecha acceso: 05/01/2015.

Recuperado de: http://biblioteca.ribei.org/830/1/ARI-98-2005-E.pdf

Kamara, L. (1972). Rawle Farley, Planning for development in Libya. *Revue Tiers Monde, 13*(51), 670-670.

Laurens, H. (2003) Cómo se repartió Oriente Medio (1916-1920). *Le Monde diplomatique, edición española,* (46). pp. 16-23.

Laurent, E. (2009). *La cara oculta del petróleo* (trad. Marta Subra,). Córdoba, España: Editorial Arcopress.

León, G. (2007). Tendencia histórica de los precios del petróleo 1860-2004. Fecha acceso: 03/06/2016. Recuperado en: http://servicio.bc.uc.edu.ve/derecho/revista/mempol11/n11-6.pdf.

Maffeo, A. J. (2003). La Guerra de Yom Kippur y la crisis del petróleo de 1973. *Revista Relaciones Internacionales,* 25, 2-6. Fecha acceso: 19/07/2015. Disponible en:
http://www.iri.edu.ar/revistas/revista_dvd/revistas/R25/ri%2025%20hist%20Articulo_1.pdf

Mahmud, M. B. & Russell, A. (1999). An analysis of Libya's revenue per barrel from crude oil upstream activities, 1961-93. *OPEC Energy Review, 23(3),* 213-249. DOI: 10.1111/1468-0076.00065. F. acceso: 11/02/2015. Disponible:
https://onlinelibrary.wiley.com/doi/pdf/10.1111/1468-0076.00065

Mar, J. (2012). Historial de la perforación en el mundo. *Scribd.com.* Recuperado: 20 de octubre de 2015. Disponible en: http://es.scribd.com/doc/104412937/Historia-de-La-Perforacion

Masoud, N. (2013). A Review of Libyan's Economy, Structural Changes and Development Patterns. *Business and Economics Journal.* Volume 4, Issue 2, pp. 1-10.

Masoud, N. (2014). Accounting for Libya's Economic Growth: Past Recent and Near Future. *European Journal of Business and Management*. Vol. 6, Issue. 2, pp. 58-67.

Ma'āṭī, A.M. (2009). *al-Ta'ṯīrāt al-nafṭiyya 'alā al-mutagīrāt al-iŷtimā'iyya fī Lībiyā 1955-1969* (Los efectos del petróleo sobre las variables sociales en Libia 1955-1969). Trípoli, Libia: al-Markaz al-waṭanī li-l-maḥfuẓāt wa-l-dirāsāt al-tārījiya, silsilat al-dirāsāt al-mu'āṣira.

Metz, C. H. (1987). *Libya: A Country Study*. Washington, USA: GPO for the Library of Congress.

Ministerio de Información y de Asuntos Culturales. (1976). *Marcha del Hombre en la República Árabe de Libia*. Trípoli, Libia: Departamento de Cultura e Información R.A.L.

Oliveros, L. (26 de setiembre de 2011). Citas petroleras. *El Universal*. Recuperado: 27/09/2016. Obtenido de: **http://www.eluniversal.com/2011/09/26/citas-petroleras.shtml**

Otman, A.W. (2008). *Libyan Oil and Gas Resources*. Trípoli, Libya: Dar al-Rowad for Publishing and Distributing.

Otman, W., & Bunter, M. (2005). *The Libyan Petroleum Industry in the Twenty First Century: The Upstream, Midstream and Downstream Handbook*. Voorburg, Holland: MARIS BV.

Padrón, A., (2012), *Yo fui embajador de Chávez en Libia*. Caracas, Venezuela: La hoja del norte.

Piombino, A. (25 de febrero de 2011). Il petrolio in Libia, l'Italia e un grande geologo italiano: Ardito Desio [Blog post]. Fecha consulta: 21 de febrero de 2016.
Recuperado de: http://aldopiombino.blogspot.com.es/2011/02/il-petrolio-in-libia-litalia-e-un.html

Ramón, MD. (1982). Exportación de petróleo y desarrollo económico. Una tipología. [archivo PDF]. *Documents d'Anàlisi Geogràfica, N° 1*, 143-156. Recuperado: 13/04/2016. Disponible en: http://www.raco.cat/index.php/DocumentsAnalisi/article/view/41292

Sulaymān, ʻA. (2009). *al-Ṯarūa al-nafṭiya wa-daūrahā al-ʻarabī: al-daūr al-sīyāsī wa-l-iqtiṣādī li-l-nafṭ al-ʻarabī*. (La riqueza petrolera y su papel árabe: El rol político y económico del petróleo árabe). Beirut, Líbano: Markaz dirāsāt al-wiḥda al-ʻarabiya.

Sulaymān, A. (1982). *al-Tašrīʻāt al-nafṭiyya al-lībiyya* (Las legislaciones libias del petróleo). Bengasi, Libia: *al-Munŝāʼa al-ʻaāma li-l-našir wa-l-taūzīʻ wa-l-iʻlan*.

Vandewalle, D. (2012). *A History of Modern Libya*. Cambridge, UK: Cambridge University Press.

Vandewalle, D. J. & Vandewalle, D. (1998). *Libya since independence: oil and state-building*. IB Tauris.

Wright, J. (1981). *Libya: a modern history*. Oxford, UK: Taylor & Francis.

Enlaces y fuentes por Internet

African Studies Centre. Libya Page:
http://www.africa.upenn.edu/Country_Specific/Libya.html

Angus Maddison. D.C.S. Studies. World Economy. Historical Statistics:
https://www.stat.berkeley.edu/~aldous/157/Papers/world_economy.pdf

Arabian Gulf Oil Company:
www.agoco.com.ly

BBC Country Profile Libya:
http://www.bbc.com/news/world-africa-13754897

Brega Company:
http://www.brega.ly.

British Petroleum (BP). Statistical Review of World Energy:
https://www.bp.com/en/global/corporate/energy-economics/statistical-review-of-world-energy.html

Bureau of Statistics and Census Libya:
http://www.bsc.ly

Central Bank of Libya (CBL):
https://cbl.gov.ly/en/

Central Bank of Libya (CBL). Annual Reports and Economic Bulletin:
https://cbl.gov.ly/en/economic-bulletin/

CIA World Fact book- Libya: https:
//www.cia.gov/library/publications/the-world-factbook/geos/ly.html

Crude Oil Peak:
http://crudeoilpeak.info/quick-primer-on-libyan-oil

EIA - Libya Country Energy Profile:
https://www.eia.gov/beta/international/analysis.cfm?iso=LBY

ENERGYFILES:
https://**www.energyfiles.com/afrme/libya.html**

Index Mundi:
http://www.indexmundi.com/libya/gdp_per_capita_(ppp).html

Fondo Monetario Internacional (FMI):
http://www.imf.org/external/

International Monetary Fund (IMF):
http://www.imf.org/external/index.htm

Libya Our Home:
http://www.libya-watanona.com

NOC (National Oil Corporation of Libya):
https://noc.ly/index.php/en/

OAPEC (The Organization of Arab Petroleum Exporting Countries):
http://www.oapecorg.org/Home

OPEC (Organization of the Petroleum Exporting Countries):
http://www.opec.org/

OPEC Basket Price:
http://www.opec.org/opec_web/en/data_graphs/40.htm

OPEC Revenues Fact Sheet:
https://www.eia.gov/beta/international/regions-topics.cfm?RegionTopicID=OPEC

OPEC. Annual Statistical Bulletin (ASB):
http://www.opec.org/opec_web/en/publications/202.htm

Sirte Oil Company:
http://www.sirteoil.com.ly

Tele Sur:
http://videos.telesurtv.net/video/46704/importantes-recursos-naturales-en-libia

The World Bank:
https://data.worldbank.org

The World Fact book – Central Intelligence Agency:
https://www.cia.gov/library/publications/the-world-factbook/

U.S. Energy Information Administration (EIA). Energy & Financial Markets:
https://www.eia.gov/finance/markets/crudeoil/spot_prices.php

U.S. Relations with Libya:
https://www.state.gov/r/pa/ei/bgn/5425.htm

U.S. State Department Background Note - Libya:
https://2009-2017.state.gov/outofdate/bgn/libya/index.htm

U.S. State Department Consular Information Sheet - Libya:
https://www.state.gov/p/nea/ci/ly/

UNDP. Human Development Report 1998:
http://hdr.undp.org/sites/default/files/reports/259/hdr_1998_en_complete_nostats.pdf

UNDP. Libyan Arab Jamahiriya Decentralization:
http://hdr.undp.org/en/content/libyan-arab-jamahiriya-decentralization

UNDP. Sustainable Human Development Libya:
http://hdr.undp.org/en/content/sustainable-human-development-0

UNDP. United Nations Development Program. Human D. Reports. Libya:
http://hdr.undp.org/en/reports/national/LBY

UNESCO:
https://es.unesco.org

United Nations:
http://www.un.org/es/index.html

United Nations Archives - Libya Folders:
https://search.archives.un.org/informationobject/browse?collection=774740&topLod=0

Waha Oil Company:
http://www.wahaoil.net

World Bank Group:
https://datos.bancomundial.org/indicador/

World Energy Outlook (WEO-IEA):
https://www.iea.org/weo/

Zueitina Oil Company:
http://www.zueitina.com.ly

Autor: Salah Elgabu
Titulo: La lucha por el excremento del diablo - Repsol, entre Eni y Total

© 2020 SALAH ELGABU

Ninguna parte de este libro puede reproducirse de ninguna manera sin la autorización previa de su autor, exceptuando citas breves incorporadas a artículos críticos o revisiones.
® Todos los derechos reservados

www.ingramcontent.com/pod-product-compliance
Lightning Source LLC
Chambersburg PA
CBHW071357210526
45465CB00001B/135